化石が語る生命の歴史

6つの化石
人類への道
[新生代]

ドナルド・R・プロセロ [著]
江口あとか [訳]

築地書館

本書は、“*The Story of Life in 25 Fossils*”を３分冊したうちの、chapter20〜25にあたります。

The Story of Life in 25 Fossils
Tales of Intrepid Fossil Hunters and the Wonders of Evolution
by
Donald R. Prothero

Japanese translation by Atoka Eguchi
Published in Japan by Tsukiji-shokan Publishing Co., Ltd., Tokyo

目次

第2章　カイギュウの起源・ペゾシーレン
歩くマナティー

第3章　ウマの起源・エオヒップス
あけぼのウマ

第4章 最大の陸生哺乳類・パラケラテリウム

巨大なサイ

第5章 最古の人類の化石・サヘラントロプス

類人猿の生き写し？

第6章　最古の人類の骨格・アウストラロピテクス・アファレンシス……114

ビートルズと化石人類ルーシー

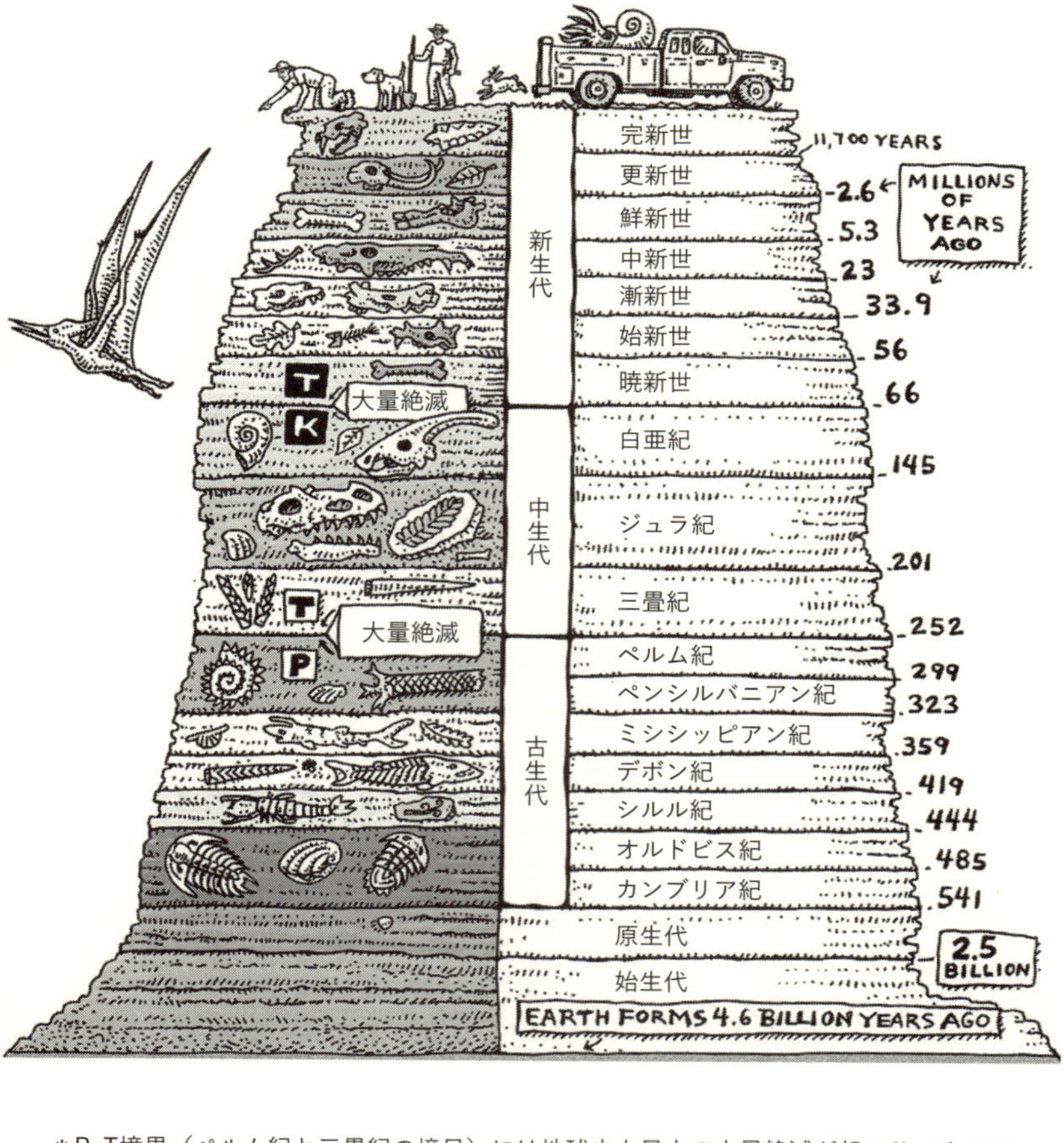

＊P–T境界（ペルム紀と三畳紀の境目）には地球史上最大の大量絶滅が起こり、すべての生物種の90％以上が絶滅したと考えられている。このとき、三葉虫も姿を消した。

＊K–T境界（白亜紀と新生代の境目）に起こった大量絶滅では、すべての生物種の約70％が絶滅したと考えられている。このとき、現生鳥類につながる種をのぞいた恐竜やアンモナイトなどが姿を消した。

第1章 クジラの起源・アンブロケトゥス

歩いて海に帰る

言葉のトリックで、白いものを黒に、黒いものを白に変えてしまう、こうした独断論者たちはまず納得しないだろうが、アンブロケトゥスはまさに彼らが理論上不可能と唱えていることを体現する生物なのだ……大衆向けの科学の解説としてこれ以上によい話をわたしは思いつかないし、根強い天地創造主義の抵抗勢力に対する、これよりも満足がいき、知性にもとづいた政治的な勝利など想像できない。

——「過去のレヴィアタンを釣り上げる（*Hooking Leviathan by Its Past*）」

スティーヴン・ジェイ・グールド

クジラのお話

人間は何千年間もすばらしい海の生物に驚嘆してきた。それはクジラやイルカやその類縁だ。地中海の古代文化では、船と一緒にイルカが泳ぐと幸運がもたらされると信じられていたし、ヨナとクジラの話は聖書の中でも人気がある。そうした人々の多くはクジラを単に魚の一種と見なしており、古代の人々は魚に分類していた。ギリシャの哲学者アリストテレスの生物学に関する著作では特に顕著であり、またその思想は、およそ一〇〇〇年にわたって、キリスト教の教義の一部として定着していた。

今日でも、いまだにクジラやイルカを魚だと思っている人は多い。いくつかの伝統的文化では、あたかも海でとれる単なる食物源の一つで、潜在的に人間と同じくらい賢い哺乳類（脳が大きく、複雑な社会を形成し、幅広い感情を持つ動物）ではないかのように、クジラ漁が行われている。

クジラ類が魚類ではないことに気がついた最初の人物は、ほかでもない現代の生物分類の父であるスウェーデンの博物学者カール・フォン・リンネだった。その時代の学者はみなラテン語を用いたため、ラテン語名のカロルス・リンナエウスという名前でも知られている。一七五〇年代にリンネが動物の分類体系を発表した際には［訳注：動物名は後の国際会議において、リンネの『自然の体系』第一〇版（一七五八年）から採用することに決まった」、クジラ類は鰓《えら》呼吸ではなく肺呼吸であること、恒温動物であること、そして魚類との違いがわかる解剖学的な差異がほかにも多くあることなどが正しく言及された。大半の人がクジラを魚として扱ってはいたものの、十九世紀までに、博物学者の間ではリンネの考えが幅広く受け入れられていた。オリバー・ゴールドスミスの『地球と生物の歴史（*A History of the Earth and Animated Nature*）』（一八二五年）ではこう述べられている。

陸上と同じで、ほかの動物よりも力強く、さまざまな本能を兼ね備え、ほかの動物を支配するためにつくられたと思われる動物の目《もく》がいくつかあり、海にはほかの魚よりも崇高な計画によってつくられたと思われる魚がいて、そうした魚のような形に、四肢動物の欲求や形態が加わっている。それはあらゆる種類のクジラやイルカだ。欲求や本能において、海の仲間のはるか上に位置するため、我々現代の博物学者のほぼ全員が適正に彼らを魚族から除外しており、魚とは呼ばずに海の偉大な獣と呼ぶことになる。このことから、グリーンランドにクジラの「魚釣り」をしに行くと言うのは、狩猟の愛好家がオーストラリアのブラックウォールにサバの「鳥撃ち」をしに行くと言うのと同じくらい不適切なのである。

捏造された「大海ヘビ」

最初の保存状態がよいクジラ類の化石のいくつかは、十九世紀初頭に発見されたのだが、残念ながら金《かね》目あてのペテン師に悪用され、適格な科学者によって研究されなかった。そうした興行師や詐欺師の中でもっとも有名なのはアルベルト・コッホ「博士」だ。コッホは興行師のP・T・バーナムよりもちょっと悪質な詐欺師で、自然史の標本について奇抜な宣伝をして、一儲けしようといつも企んでいた。コッホが手に入れた最高の品は、自ら「Hydrarchos《ヒドラルコス》」または「大海ヘビ」と名づけた巨大な骨格だった（図1・1）。一八四五年にフィラデルフィアでこの大海ヘビが展示されると、その噂で持ちきりになった。その骨格は長さが三五メートルあり、三部屋にわたって展示され、大きなひれが前面についていた。頭骨の吻が長く、巨大な三角形の歯が生えていた。一目見ようと大勢の人が詰めかけ、口をぽかんと開けて見入った。

しかし、興行師としては優れていたが、コッホは科学者ではなかった。彼は原クジラ類と呼ばれる原始的なグループに属するいくつかの標本の椎骨を農民から購入した。それらはアラバマ州とミズーリ州とアーカンソー州の中期始新世（五〇〇〇万〜三七〇〇万年前）の岩石から発見されたものだった。そうした骨は豊富にあったので、アラバマ州のいくつかの場所では、農民が石垣をつくるために

▲**図 1.1**　1840年代にヨーロッパや北アメリカ中を巡業したアルベルト・コッホの「大海ヘビ（Hydrarchos）」
実際には、少なくとも 3 体の原クジラ類の骨格を組み合わせ、大きく見えるようにつくりなおしたものだった

使っていたほどだった。そして、彼は長さとサイズを大きく見せるために、少なくとも三体のクジラを合わせて一つの標本に仕立てた（これは彼の常套手段だった。この出来事の前にも、異なる標本の骨を合わせて自身が所有するマストドンの骨格のサイズを大きく見せ、グレート・ミズリウムと名づけたことがあった）。

その後、コッホと大海ヘビはヨーロッパを巡業した。町から町へと展示してまわると、「聖書に登場する怪物」を一目見ようと大勢の人々が詰めかけた。だが、科学者たちが標本は捏造されたものであると報道機関に言ったため、彼はロンドンとべ

ルリンを離れ、大海ヘビとともにドレスデン、ヴロッワフ、プラハ、ウィーンを訪れた。プロイセン国王のフリードリヒ・ヴィルヘルム四世は、その標本に感銘を受け、一八四七年に一〇〇〇帝国ターラー〔訳注：ターラーは昔のドイツの通貨〕の年金をコッホに与えたほどだった。あの骨はいかさまだとお抱え科学者たちが訴えたのだが、年老いた王は納得しなかった。

ギデオン・マンテル（イグアノドンの発見者。イグアノドンは最初に名前がつけられた恐竜の一つである）がいかさまを暴き、地獄に落ちるべき詐欺師に注意するよう人々に警告した。ニューヨークでは解剖学者のジェフリー・ワイマンが、大海ヘビは爬虫類ではなく、一頭の動物の骨ですらないことを証明した。切羽つまったコッホは、規模を縮小して科学の専門家の言葉がまだ浸透していない田舎町で興行した。やがてコッホはこの怪物をシカゴにあるウッド大佐の博物館に売り飛ばした。大海ヘビは、オレアリー夫人の牛が出火原因といわれている一八七一年のシカゴ大火で焼失するまで、その博物館に展示されていた。

コッホの偽骨格もあったが、ほかの化石クジラ類は本物の博物学者の手にわたった。一八三四年には解剖学者のリチャード・ハーランがいくつかの巨大な骨にバシロサウルス（トカゲの王の意）という学名を与えた。当時ちょうど発見されたばかりだった巨大な爬虫類――現在わたしたちが恐竜と呼んでいる動物――の別の種類の骨だと考えたからだった。しかし、一八三九年にイギリスの偉大な解剖学者リチャード・オーウェンがバシロサウルスの標本を分析すると、それは恐竜でも爬虫類でもな

▲図 1.2　バシロサウルスの骨格

く、巨大なクジラであることがわかった。

オーウェンはバシロサウルスという誤解を招く恐れのある名前のかわりにゼウグロドン（くびき型の歯）と命名しなおそうとしたものの、すでに手遅れだった。動物の命名規則では、それがどんなに誤解を招くものであっても、最初に与えられた学名が正式な名称になる。つまり、爬虫類ではなく哺乳類であるにもかかわらず、そのクジラの正式名称はバシロサウルスのまま変わらない。

よりよい標本が見つかるにしたがって、原クジラ類の姿が明らかになっていった（図1・2）。人為的に長くつくられたコッホの怪物ほどではないものの、それでも大きな原クジラ類の長さは約二四メートル、重さは約五四〇〇キログラムもあった。魚をすばやくとるための三角形の歯が生えた、長くとがった吻を持つという点で、原クジラ類はいくつかの現生クジラ類に似ていたが、どの現生クジラ類よりもはるかに原始的だった。一つには、噴気孔が頭の頂上近くにあるのではなく（すべての現生クジラ類はそうである）、鼻孔が吻の先端にあった（ほかの哺乳類のほとんどがそうだ）。また、原クジラ類の耳も非常に原始的で、現生クジラ類のような水中での反響定位（エコーロケーション）に適応した特殊な耳骨を持っていなかった。

原クジラ類の手や腕はひれに変化していたが、アメリカで発掘された不完全な化石には後肢が見あたらなかった。その後、一九九〇年にエジプトで発見された、つながったままの完全な原クジラ類の骨格には、後肢がまだ所定の位置についていた。二四メートル以上の体に、人間の腕程度の小さな後肢があるだけで、すでに後肢としては機能していなかった（まだ体の後方の筋肉とつながってはいたが）。もはや歩行に使われていなかったわけだから、それらはまだクジラ類が四本の脚で歩いていたころの痕跡である。

博物館に展示されている現生クジラ類の骨格を見ることがあれば、ぜひ肋骨の終わりの後方のちょうど背骨の下にある腰の部分を見てほしい。もし標本が完全で正しく据えつけられているなら、機能していない小さな寛骨《かんこつ》と大腿骨の痕跡が体の奥深くに埋まっているのがわかるだろう。それらはクジラ類が四本脚の陸生動物の子孫であることを証明する以外にはまったく何の役にも立っていない。では、祖先はどのような動物だったのだろうか。

クジラの進化

一八五九年にチャールズ・ダーウィンの『種の起源』が出版されたとき、クジラ類が哺乳類だという事実はさらに興味深い意義を持った。つまり、クジラ類は水に帰った陸生動物の子孫にちがいないということである。そのような移行がどのように起こったのか、ダーウィンは『種の起源』の初版で推測した。クマが口を開けたまま泳いで小さな魚など水生の獲物をとる話を伝え、こう述べた。「自然選択によって、クマのある系統が、体のつくりや習慣において、クジラのような巨大な生物になるまで徐々に水生になっていき、口がますます大きくなっていったと考えるのは、わたしにはまったく難しいことではない」。残念ながら、批判者の間であまり評判がよくなかったので、後のいくつかの版ではこの説を取り下げている。

クジラの起源に関する問題は一世紀以上も棚上げになっていた。多くのコレクションにたくさんの大きな原クジラ類の化石が収蔵されていたが、一部だけ水生という、より原始的な、満足がいくクジラ類の化石はほとんどなかったし、完全に陸生だが、クジラのような特徴を持つ哺乳類の化石もなかった。

一九六六年になって、シカゴ大学の古生物学者リー・ヴァン・ヴェーレンが、数十年間無視されつづけてきた議論を再開させた。彼は、原クジラ類の頭骨には三角形の刃のような鈍い歯があり、メソニクス類という大型で捕食性の有蹄哺乳類のグループに見られる歯に非常によく似ていることを指摘した。メソニクス類には蹄があるものの、肉食性または雑食性で、オオカミとクマを足して二で割ったような姿をしていた。メソニクス類の頭骨はたいてい吻が長く巨大で、原クジラ類のものによく似ており、それ以外にもクジラに似た特徴がすぐに見つかりはじめた。メソニクス類がクジラの祖先だという説が数十年でますます広く受け入れられるようになり、ロバート・ショックとわたしが有蹄哺乳類に関する本を書いたときにもまだ定説だった。

また、一九七〇年代と八〇年代には、さらに原始的なクジラの化石探しが本格的に開始された。そのころパキスタンは、アメリカの軍事企業から購入した軍用品の代金として、アメリカに対して数百万ドルの借金をしていた。パキスタンは借金の免除を切に願っていたことから、アメリカ政府は、いくつかの助成基金を通じて、パキスタンで古生物学的調査を行うための助成金が比較的簡単に得られるようにした。それに加えて、重要な初期のクジラの化石（おもに原クジラ類）が、最初は一九二〇年代にガイ・ピルグリムによって、その後一九七〇年代初頭にはアショック・サーヘニーらによって、インドの北西部（現在のパキスタン）で発見されたことを古生物学者たちは知っていた。これによって多くの古生物学者（特にミシガン大学のフィリップ・ギンガーリッチとノースイースト・オハイオ医科大学のハンス・テーヴィスン）が、原クジラ類を産出してきた地層よりも古く、沿岸や浅海に由来するパキスタンの岩石を調査しはじめた。

パキスタンでの研究に豊富な資金が提供されるという幸運によって、クジラが実際に陸生動物から進化した時代と場所が偶然発見された。それは前期始新世（五五〇〇万〜四八〇〇万年前）で、場所はテチス海として知られる熱帯の浅い海だった。テチス海はパンゲアという超大陸とパンサラッサという広大な大洋があった時代の名残で、熱帯の細い海として地中海西部からインドネシアまで広がっていた。テチス海はアフリカ大陸が北に移動して地中海をふさいだときに分割され、中期始新世にインドがアジアの腹に衝突すると、残った海も分断された。しかし、テチス海が消滅する以前は、海に帰る最初期のクジラ類だけではなく、マナティーの最初期の類縁（第2章）や多くの特徴的な哺乳類（マストドンや霊長類やハイラックスなど）がその海岸線に生息していた。

クジラ類の最初の重要な移行化石は、ギンガーリッチらが一九八三年に報告したパキケトゥスだった（図1・3）。骨格のほとんどはオオカミに似ており、歩行用の長い四肢を持っていたが、ギザギザした大型の三角形の歯を含め、頭骨は原クジラ類のものに似ていた。脳は小さく原始的で、耳には水中で音を聞いたり、かすかな反響を検知したりする特別な機能はなかった（だが密度の高い耳骨やそのほかの特徴から、水中で音を聞く能力が少しはあったとみられる）。約五〇〇〇万年前の河川堆積物から発見されたことから、パキケトゥスはおもに陸生だが、多くの時間を水中で過ごしていたと考えられる。短い手足がついている長い四肢は走るためと跳躍するために適応したものだったが、その

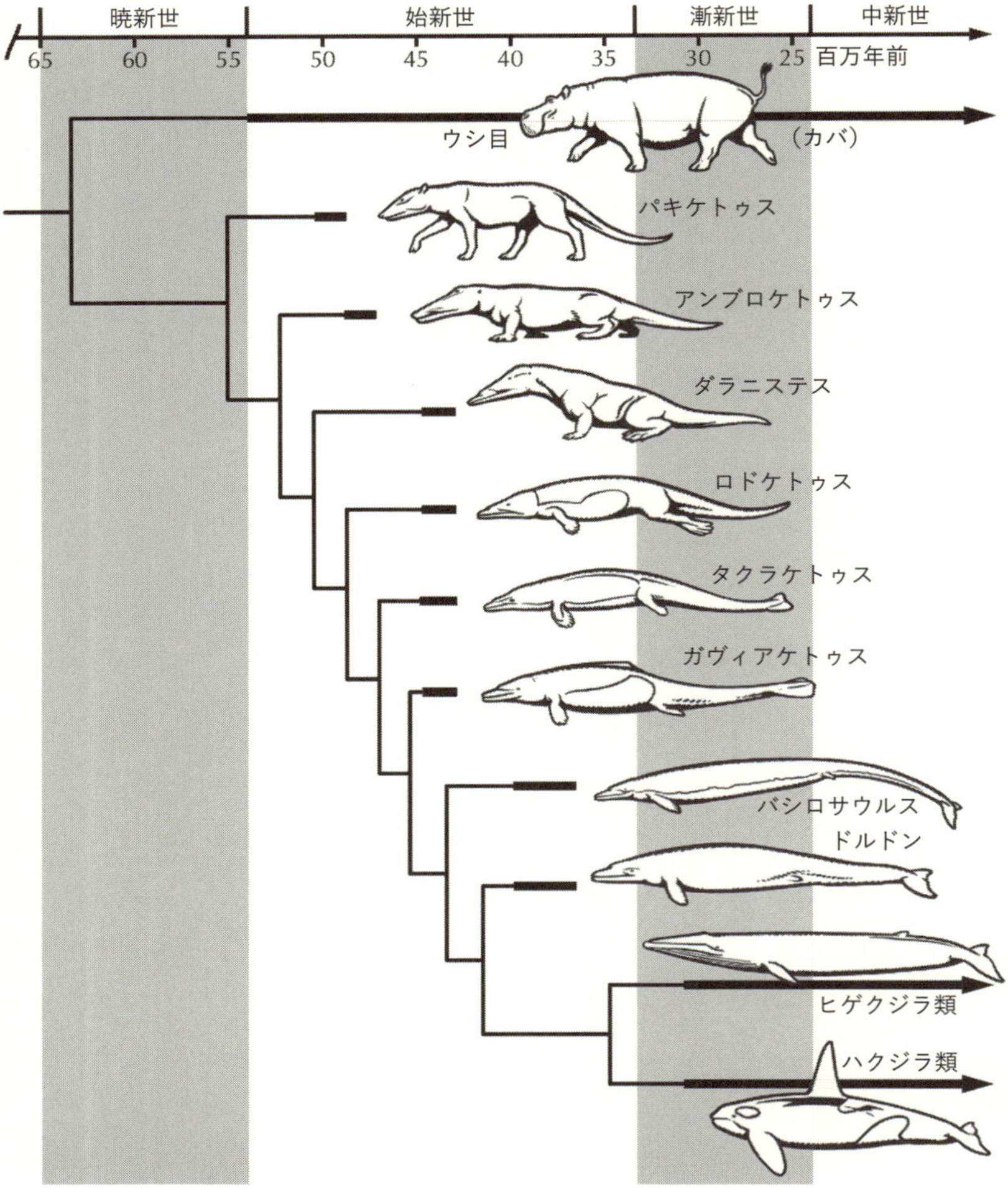

▲図 1.3　陸生哺乳類からのクジラ類の進化
アフリカとパキスタンの始新世以降の地層から発見された数々の移行的な化石の復元画

四肢骨は異常に厚く、水中でバラストとして機能していた可能性があり、泳ぐのではなく、おもに水中を歩いていたとみられる。

泳ぎ歩くクジラ

そして、一九九四年に大発見があった。ハンス・テーヴィスンがアンブロケトゥス・ナタンス——文字通り「泳ぎ歩くクジラ」——を発見して報告したのだ（図1・4）。パキスタンのクルダナ層上部（約四七〇〇万年前の沿岸の海成堆積物）から発掘されたその化石は、クジラと陸生哺乳類のちょうど中間にあたる動物のほぼ完全な骨格だった。長さはおよそ三メートルで、だいたい大型のアシカ類のサイズだった。ほかの原始的なクジラ類に似た長い吻を持ち、彼らと同じ特徴的な三角形の歯が生えていた。まだ耳はあまり特殊化されていなかったし、反響定位に適したものでもなかったが、水中や地面から振動を拾い上げて聞いていたとみられる。その長くたくましい四肢の先には非常に長い指があり、水かきを備えていたのだろう。つまり、アンブロケトゥスは歩くことも泳ぐことも可能な四つ足のクジラだったので、「泳ぎ歩くクジラ」という名前が与えられた。

脊椎の研究では、アシカやペンギンのように足で水をかくというよりも、カワウソのように背中を

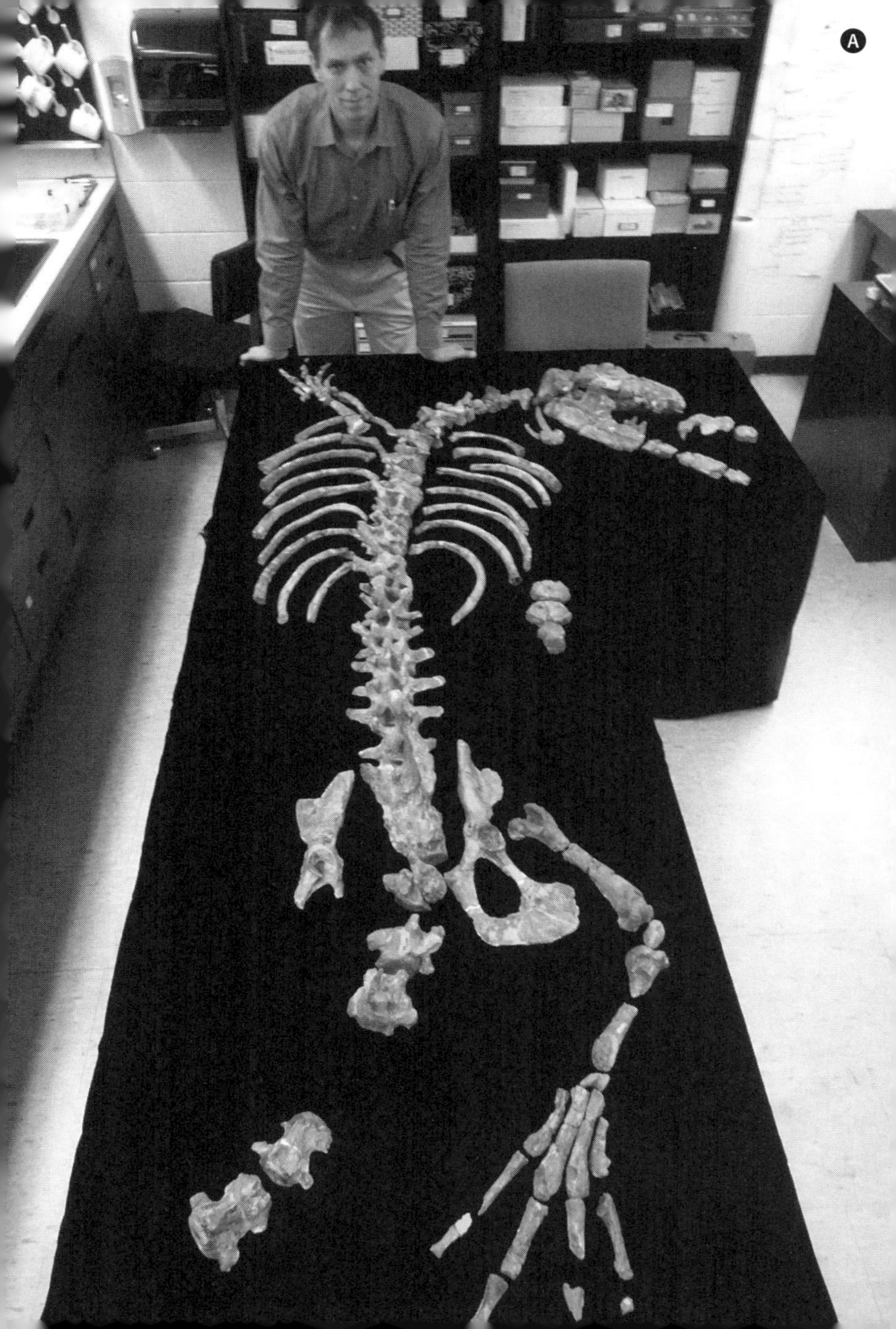
A

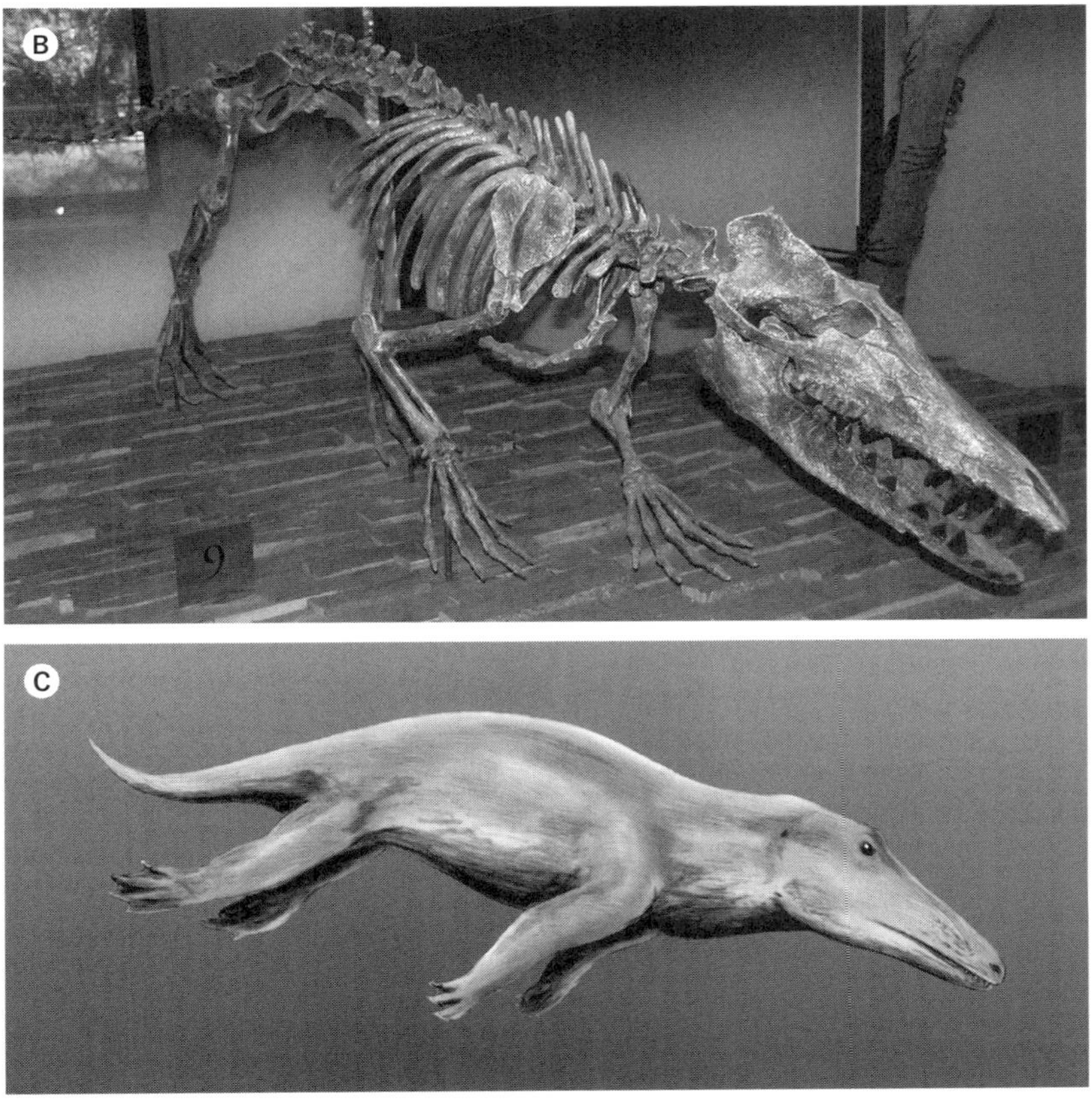

▲▶**図 1.4**　泳ぎ歩くクジラ、アンブロケトゥス
A：もっとも完全な骨格と発見者のハンス・テーヴィスン
B：骨格のレプリカ。歩く姿勢で据えつけられている
C：泳いでいる姿の復元

上下にうねらせることが可能だったことが示されている。大半のクジラの胴体は硬く、推進には尾だけを使うのだが、この脊椎の上下運動はいくつかの種類のクジラの動きに非常によく似ている。

だが、速く泳げなかったことは明らかだ。テーヴィスンによれば、ワニのような体の比率が待ち伏せ型の捕食者だったという説を裏づけており、水中で獲物が近くに来るまで動かずに待ち伏せして、獲物を一突きしたのではないかという。標本が発見されたクルダナ層上部の沿岸堆積岩の位置から、アンブロケトゥスは湖や川の水際や海岸にも棲息していたとみられる。さらに歯の化学分析でも、淡水と海水の両方で生活していたことが証明されている。

アンブロケトゥスが発見された数年後には、ダラニステスと呼ばれる別のクジラのほぼ完全な骨格も発見された（図1・3参照）。アンブロケトゥスと同様に、完全に機能する四肢を持ち、水かきを支えるためのさらに長い指があった。だが、吻はアンブロケトゥスよりも長くて、さらにクジラ的であったし、頑丈な尾もそうだった。

テーヴィスンがアンブロケトゥスを報告したのと同年の一九九四年には、フィリップ・ギンガーリッチらがパキスタンのバルチスタン南部にある約四七〇〇万年前の地層から、さらに進化した別の移行的なクジラを発見した（図1・3参照）。ロドケトゥスと名づけられたそのクジラは、プロトケトゥス科と呼ばれるイルカサイズの原始的なクジラ類の中で、もっともよく知られる代表的な生物だ（イルカサイズといっても、この科にはガヴィアケトゥスという、五メートルを超える種もいた）。

ロドケトゥスの頭骨はアンブロケトゥスよりもはるかに大きく、よりクジラらしいもので、吻が長く、典型的な原クジラ類の歯を持っていた。頸椎は頭と体が流線型に融合していたことを示しており、胴から独立して曲げられる明確な首がなかった。四肢骨はアンブロケトゥスやダラニステスに比べるとはるかに短く、指も短いことから、水かきがついたかなり短い脚を持っていたとみられる（だがまだクジラのひれには進化しきっていなかった）。しかし、寛骨と腰の椎骨はまだ融合しており、陸上を歩行することが可能だったと考えられる。骨格の比率からは、足を使って泳いでいたとみられ、後肢を交互に動かして進み、尾はおもに舵として使用していた。

ロドケトゥスが発見された後には、タクラケトゥスやガヴィアケトゥスなど、ほかにも数々の移行的なクジラが見つかった。そして、手はますます特殊化し、クジラのようなひれに発達していき（図1・3参照）、後肢は非常に小さくなった。また、体もさらにイルカのようになり、（現生のクジラ類のように）尾による推進をさらに発達させたことから、おそらく水平の尾びれも備えていたと考えられる。今日では、移行的なクジラ類の化石があまりにも多すぎて、どこで陸生動物が終わって、どこから真のクジラが始まったのか決めることができないほどだ。一九八〇年代には完全な謎とされていたクジラの陸生動物からの起源は、今や化石記録でもっともよく実証されている進化的な移行の一つになっている。

クジラの分類は、ウィッポモルファで決まり

一九六六年のリー・ヴァン・ヴェーレンの最初の仮説以来、もっともあり得るクジラ類の祖先はメソニクス類というオオカミに似た有蹄哺乳類であると、ほとんどの古生物学者が考えてきた。歯と頭骨の類似が著しいが、ほかにそのような特徴的な歯を持つグループは地球上にいなかったのだ。アール・マニングとマーティン・フィッシャーとわたしが一九八八年に有蹄哺乳類の関係性の分析に関する論文を書いたときには、解剖学的特徴からクジラ類とメソニクス類が近縁だという説が非常に強く裏づけられ、また、どちらも偶蹄目（ウシ目）と呼ばれる二つに割れた蹄を持つ哺乳類（ブタ、カバ、ラクダ、キリン、シカ、ウシ、ヒツジやその仲間）と非常に近い関係にあることが強く示唆された。

しかし一九九〇年代後半になると、分子生物学者が哺乳類の多くのグループのDNA配列や重要な分子をつくる特定のタンパク質の配列を分析しはじめた。何度繰り返しても、クジラ類はほかのどの現生哺乳類よりも偶蹄類に近いだけでなく、その子孫だという結果になった。そして、現生の偶蹄類のなかでは、一貫してカバにもっとも近かった（図1・3参照）。だが、古生物学者は分子による証拠をなかなか認めたがらなかった。というのも、メソニクス類の化石の解剖学的な証拠のほうが強いものに感じられたし、最初期のクジラと最初期のカバは似ても似つかなかったからだ。さらに重要なの

は、分子解析は現生の動物をもとにしていた。クジラ類とメソニクス類のつながりを示す多くの化石はあっても、それらの化石のＤＮＡやタンパク質はないのだ。

だがまたしても、化石記録がわたしたちを驚かせてくれた。この問題の解明に救いの手をさしのべてくれたのである。二〇〇一年に、二つの独立したグループ（テーヴィスンのグループとギンガーリッチのグループ）が、パキスタンで、保存状態のよいくるぶしを持つ初期のクジラの化石を発見して報告した。それらのクジラ類のくるぶしの骨には、距骨《きょこつ》（哺乳類の足関節にある蝶番のような骨）に特徴的な「両滑車」があった。この構造はもともと偶蹄類にのみ知られていた。ほかの哺乳類のグループとは異なり、偶蹄類はすべてこの両滑車状の距骨を持つため、実際のところ、ほとんどの偶蹄類は、このユニークな骨だけでグループの一員であることが特定できる。そして、パキスタンから発見された化石の証拠から、クジラ類もまた偶蹄類の距骨と同じユニークな構造を持っていることが明らかになった。

クジラが偶蹄類だという説に対する抵抗はすぐに消え去り、古生物学者はふり出しにもどって、さらなる解剖学的な特徴と新しい分子の証拠を使って分析しなおした。そして、クジラはたしかに偶蹄類で、カバに続く系統内の一つのグループとして分類されるべきだという意見ですぐに一致した。

この証拠に対する新しい合意にもとづけば、クジラ目と偶蹄目という完全に独立した二つの目のかわりに、名前を鯨偶蹄目《くじらぐうてい》に変更して、クジラ目は偶蹄目の一つの系統（カバとアントラコテリウム科と呼ばれるカバの類縁）の下位グループと見なす必要がある。しかしながら、これは分類法の原則を無視している。一つのグループが別のグループの一部になるときには、たいてい大きいほうのグループ名は変わらない。したがって、偶蹄目は今ではクジラ目を含むものと理解されているので、鯨偶蹄目と改名する必要はない。それは、鳥類を含めるために恐竜上目を「鳥恐竜上目」と改名する必要がないのと同じだ。クジラ類にカバを加えたグループは、分子生物学者からはウィッポモルファ（クジラ［whale］のwhとカバ［hippo］と形［morpha］をたしてWhippomorpha。鯨河馬形類）と呼ばれているが、ほとんどの科学者は、カバとクジラのグループとしてケタンコドンタモルファという名称を使うことを好む。

というわけで、クジラ類は偶蹄目（ウシ目）のちょうど外側に存在するグループであるというなじみのある図のかわりに、今ではクジラ類はカバやほかの多くの原始的な化石偶蹄類と密接に関係するグループの中におさまっている。そして、今やメソニクス類が仲間はずれになり、クジラ類とほかの偶蹄類にもっとも近縁と見なされることが多い。この分類によれば、メソニクス類の特徴的な三角形の歯は原クジラ類との収斂進化によるものだということになるが、この収斂進化のほうが、膨大な数のクジラとカバの分子的な類似点を単なる収斂進化として片づけるよりも、はるかに受け入れやすい。

でも、ひょっとしたら……。もしメソニクス類が今日も生きていて、ＤＮＡの配列を解析できるなら、違った答えが出るかもしれない。だが、彼らは始新世の終わり、三三〇〇万年以上前に姿を消してしまったので、けっして知ることはできないのだ。

カバの類縁

クジラとカバが近縁であると想像するのは、そう難しいことでもない——どちらも巨体で水生なのだから。とはいうものの、ここでも化石記録が手助けしてくれる。現生のカバ科の化石記録はたった八〇〇万年前までしかさかのぼれない。しかし、カバはアントラコテリウムと呼ばれる絶滅した偶蹄目（ウシ目）の科と関係があり、五〇〇〇万年前にまでさかのぼることができる。アントラコテリウムの形や適応には幅があるが、その多くは部分的または完全に水生だったと考えられている。

最近、カシミールの岩石から、この二つのグループをつなぐ驚異的な中間化石が発掘された。その生物はインドハイアス（「インドのブタ」の意）と呼ばれ、何年も前にインドの地質学者A・ランガ・ラオが発掘していた化石をもとに、二〇〇七年にハンス・テーヴィスンによって記載された（図1・5）。

大きさはウサギよりもわずかに大きい程度で、跳躍のための長い後肢を持ち、小さなシカのような体型をしていたにもかかわらず、独特な解剖学的特徴によってクジラと偶蹄目（ウシ目）の間の移行

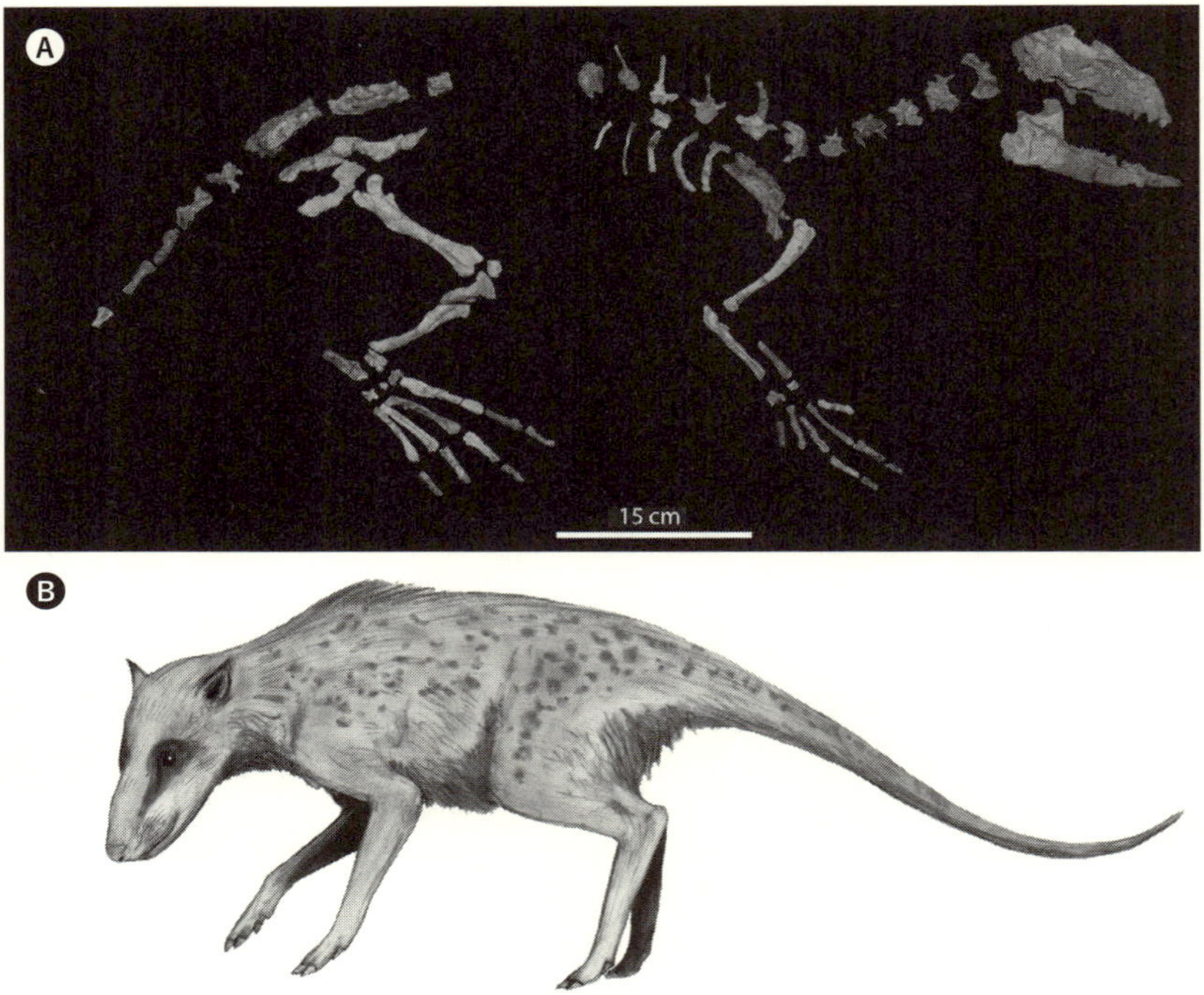

▲図 1.5　クジラとカバの系統の最初期の共通祖先、インドハイアス
A：もっとも完全な骨格
B：生きている姿の復元

化石であることがわかる。耳の領域にはクジラ類にしか見られない数々の特徴がある。四肢は非常に密度の高い骨からできており（クジラやカバやそのほか多くの水生のグループとちょうど同じだ）、水中を歩いたり潜ったりするときに、浮いてしまって制御不能にならないようにバラストとして働いていた。骨の化学分析から水生だったことがわかっているが、歯の化学分析では陸生植物を食べていたことが示されている。インドハイアスは、パキケトゥス（これもおもに陸生だった）のようなもっとも原始的なクジラとアントラコテリウム科との最後のつながり、つまり、「アントラコテリウム—カバ」の系統をわたしたちに提供してくれるのだ。

したがって、クジラ類は魚ではなく、泳ぐクマから進化したものでもなく、分子レベルの証拠によれば、アントラコテリウム類やカバとの共通祖先の末裔である。また、パキケトゥスやダラニステス、アンブロケトゥス、ロドケトゥス、インドハイアスなどが含まれる化石記録は、クジラ類が陸生動物からどのように進化したかも示しているのだ。

自分の目で確かめよう！

アンブロケトゥスやドルドンなどの移行的なクジラ類の化石は発見された国に保管されている。しかし、それらの移行的な化石のレプリカやバシロサウルスの完全な骨格を展示する博物館は多い。

アメリカでは、タスカルーサにあるアラバマ自然史博物館、ニューヨークにあるアメリカ自然史博物館、シカゴにあるフィールド自然史博物館、アナーバーにあるミシガン大学古生物学博物館、ワシントンD.C.にあるスミソニアン博物館群の一つの国立自然史博物館、ロサンゼルス自然史博物館などで見ることができる。

ヨーロッパではオランダ、ライデンにあるナチュラリス生物多様性センターやドイツ、フランクフルトのゼンケンベルク自然博物館に標本が展示されている。ほかにはウェリントンにあるニュージーランド国立博物館テ・パパ・トンガレワや東京の国立科学博物館で見ることができる。

第2章 カイギュウの起源・ペゾシーレン

歩くマナティー

頭から腰まではは人間のようであったが、そこから下は魚に似ていて、三日月形の幅の広い尾があった。顔は丸くぽっちゃりしており、鼻は大きく平らだった。白髪まじりの黒髪が肩にかかって腹まで覆っていた。水から上がると、顔にかかった髪の毛を手ではらった――そして再び潜り、プードルのように鼻をふんふん鳴らした。我々の一人が釣り針を投げて、噛みつくかどうか試そうとした。すると水に潜ってしまい、それきり姿を現さなかった。

――『ノアの箱船をこえて（*Out of Noah's Ark*）』ハーバート・ウェンド

人魚！

人魚の伝説は何千年も前にさかのぼり、多くの文化で海に関する言い伝えの中に登場する。既知で最古の物語は紀元前二三〇〇年ごろのアッシリアのもので、アタルガティスという女神が人間の羊飼いの恋人を誤って殺してしまったことを悔いて、自身を人魚に変えるという話だ。おそらく紀元前八世紀ごろのホメーロスの作とされる『オデュッセイア』では、セイレーンという魚のような姿の神話上の女たちが魅力的な声で歌い、船乗りをまどわせて難破させようとする。『千夜一夜物語』では、シェヘラザードによって語られる物語のいくつかに神秘的な「海の乙女たち」が登場する。人魚の目撃談（ハーバート・ウェンドが引用している、一六七一年に二人のフランスの船乗りがマルティニーク島の近くで遭遇した情報など）は、過去二〇〇〇年以上にわたって、西欧社会のほぼすべてで広く知られていた。

こうした伝説はハンス・クリスチャン・アンデルセンの『人魚姫』（一八三六年）などの人気のある物語によって標準化された。その後「人魚姫」はディズニー映画として一九八九年にヒットした。また、ダリル・ハンナが人魚を演じた映画「スプラッシュ」（一九八四年）は新しい世代に伝説を広めるのに一役買った。

つい最近、二〇一二年と一三年にはケーブルテレビのチャンネル、アニマルプラネットが、人魚は実在し、すでに発見されているという二本の「ドキュメンタリー」を放映したため、大勢の視聴者がでっちあげの「証拠」を信じてしまった。この偽ドキュメンタリーの影響力は絶大だったので、アメリカ海洋大気庁が二度も貴重な時間を割いて、番組はフィクションであり、人魚は存在しないという声明をウェブサイトに掲載するはめになった。

伝説のいくつかは単に人間の豊かな想像力の産物であり、ケンタウロス（ウマと人間のハイブリッド）やミノタウロス（ウシと人間のハイブリッド）などの半人半獣に関する神話と同等のものだ。しかし、実際に海で何かが目撃され、それが船乗りの想像をかきたてたために、伝説の人魚が生まれたのではないかと考える学者が多い。一四九三年には、ヒスパニオラ島の近くで二度目の航海をしていたコロンブスが、三匹の「女の姿のもの」が「海を飛び上がったが、絵に描かれているような美しいものではなかった」と報告している。イギリスの有名な海賊、黒髭（エドワード・ティーチ）はカリブ海で人魚を見たと言い、その後は、人魚の目撃情報がある海域を避けていた。船乗りや海賊の間では、人魚に魅せられると金《きん》を奪われ、海の底に引きずりこまれてしまうと信じられていた。

海へビの場合と同じで、カナダ、イスラエルからジンバブエまで、世界各地に目撃談がある。インド洋では、船乗りが言うには、人魚は二匹で現れ、銛をうちこまれると、もう一匹が救助しようとするという。人魚は「涙」を流しながら泣くし、母親は子どもを腕に抱いて授乳するといわれている。

人魚の科学

実際のところ、こうした伝説に何か根拠はあるのだろうか。動物学者の中には、その正体はマナティー（おもに西半球の熱帯の浅瀬に生息する）やジュゴン（おもにインド洋に生息する）やその類縁、つまりカイギュウ目（ジュゴン目。英語では神話のセイレーンにちなみSireniaという）と呼ばれる海生哺乳類なのではないかという人もいる。ジュゴンもマナティーも、船や水面にある物体を眺めるときには、水から頭を出して垂直に浮かぶ（図2・1）。カイギュウ類には胸に乳房が二つあるので、人間の乳房の形態を思わせるかもしれないし、人間の女性を彷彿とさせる姿勢で幼獣に授乳する。

だが、なぜこうも不細工な動物を美しい女性に見まちがえたりするのだろうか。もしマナティーの額に海藻の束がついていて髪の毛のように見え、かなり遠くから（特に外洋のまぶしい光の中で）目撃したのであれば、女性が海に浮かんでいるように見えたと思えなくもない（特に、船乗りが陸地と女性から長期間離れていた場合には）。ほぼすべての文化に数千年にわたって広まっていた伝説を、コロンブスなどの初期の探検家によるたった数件の「目撃情報」が裏づけたのだろう。

マナティーとジュゴンが捕獲されて、初期の博物学者が関心を示しだすと、とてつもない取り違えが起こった。詳しく調べると、それらは伝説の人魚とはかけ離れていた。最初に体の構造を調べた博

▲**図 2.1**　例えばこのマナティーのように、カイギュウ類が直立して浮いている姿を船乗りが遠く離れたところから見て、人魚とまちがえたのならそれもうなずけるかもしれない

物学者たちはそれらをクジラ類に分類した。完全に水生で、手が完全にひれに進化しており、後肢がなく、尾びれがあったからだ。

しかし、カール・フォン・リンネは、マナティーやジュゴンにゾウと関係する解剖学的な特殊化が多く見られることに気がつき、はじめてそれらを長鼻目（ゾウ目）に分類した。長鼻目にはゾウやマンモスやマストドンが含まれる。一八一六年に動物学者のアンリ・ブランヴィルがリンネの解釈にしたがったが、ほとんどの博物学者はまだクジラ類だと考えていた。

しかし、形態上の類似性がさらに発見されるにつれ、カイギュウ類と長鼻類のつながりは強固になっていった。どちらのグループにもさまざまな独特の特殊化が見られる。ようやく動物学者は「クジラ」に分類することをあきらめはじめた。そして、カイギュウ目と長鼻目が類縁かどうかという議論は重大な局面に入った。

一九七五年にマルコム・マッケナが、カイギュウ類と長鼻類を「テチス獣類」というグループに入れることを提唱したのだ。どちらの系統の化石も、地中海から中東、インド、さらにオーストラリアまで続いていたテチス海付近に起源を持つことを示していたため、マッケナがそのグループをテチス獣類と命名したのだった。その数年後、マッケナとダリル・ドムニングとクレイトン・レイによって、ワシントン州オリンピック半島北岸の漸新世の地層から発見されたベヘモトプスと呼ばれる化石が記載され、カイギュウ類のルーツがテチス海にあることが裏づけられた。それ以来、テチス獣類という考え方は数々の分子解析で証明されており、カイギュウ類とゾウの近い関係が示され、リンネが気づいていた多くの形態上の類似性が裏づけられている。

カイギュウ、海を歩く

解剖学的証拠と分子学的な証拠は非常に強力で、カイギュウ類が長鼻類の祖先から約五〇〇〇万年前に分岐したことが示されている。では、化石記録では何が示されているのだろうか。研究されることになった最初期の化石カイギュウは、もっとも原始的なものでもあった。一八五五年にイギリスの伝説的な解剖学者リチャード・オーウェンが、ジャマイカの五〇〇〇万～四七〇〇万年前のチャペルトン累層のフリーマンズ・ホールと呼ばれる場所からロンドンに送られてきた奇妙な頭骨を記載した。そのとき彼はすでに恐竜という言葉をつくり、チャールズ・ダーウィンのビーグル号が持ち帰った南アメリカの化石を記載していたが、最終的にはダーウィンのもっとも強力なライバルになった。

その頭骨は非常に原始的なもので、部分的に割れて失われ、歯は根まですり減っていたが（図2・2）、オーウェンは吻の骨がわずかに下向きに曲がっており、鼻口は頭骨の高い位置にあり、ほかにもカイギュウ類の特徴が多く見られることを見抜いた。骨格のほかのパーツは単なる破片でしかなかったが、その生物がヒツジぐらいの大きさの四つ足の動物だったことを示唆していた。頭骨と骨の破片とともに、厚みがあって非常に密度の高い肋骨の破片が見つかっていたが、それはカイギュウ類を見わける特徴だった。カイギュウの肋骨は水中で高く浮きすぎないように、バラストとして機能する。非常に密度の高い肋骨の破片が一個でもあれば、カイギュウ類に固有なものであるため、それがカイギュウのものだと断定できる。

オーウェンはその頭骨の化石をプロラストムス・シレノイデス（属名は「幅広い顎の前面」、種小名は「カイギュウ類のような」の意）と命名した。つまり、現生のカイギュウ類に近い非常に原始的な生物の化石であることを彼ははっきり理解していた。自然選択を否定した最後の本物の動物学者で

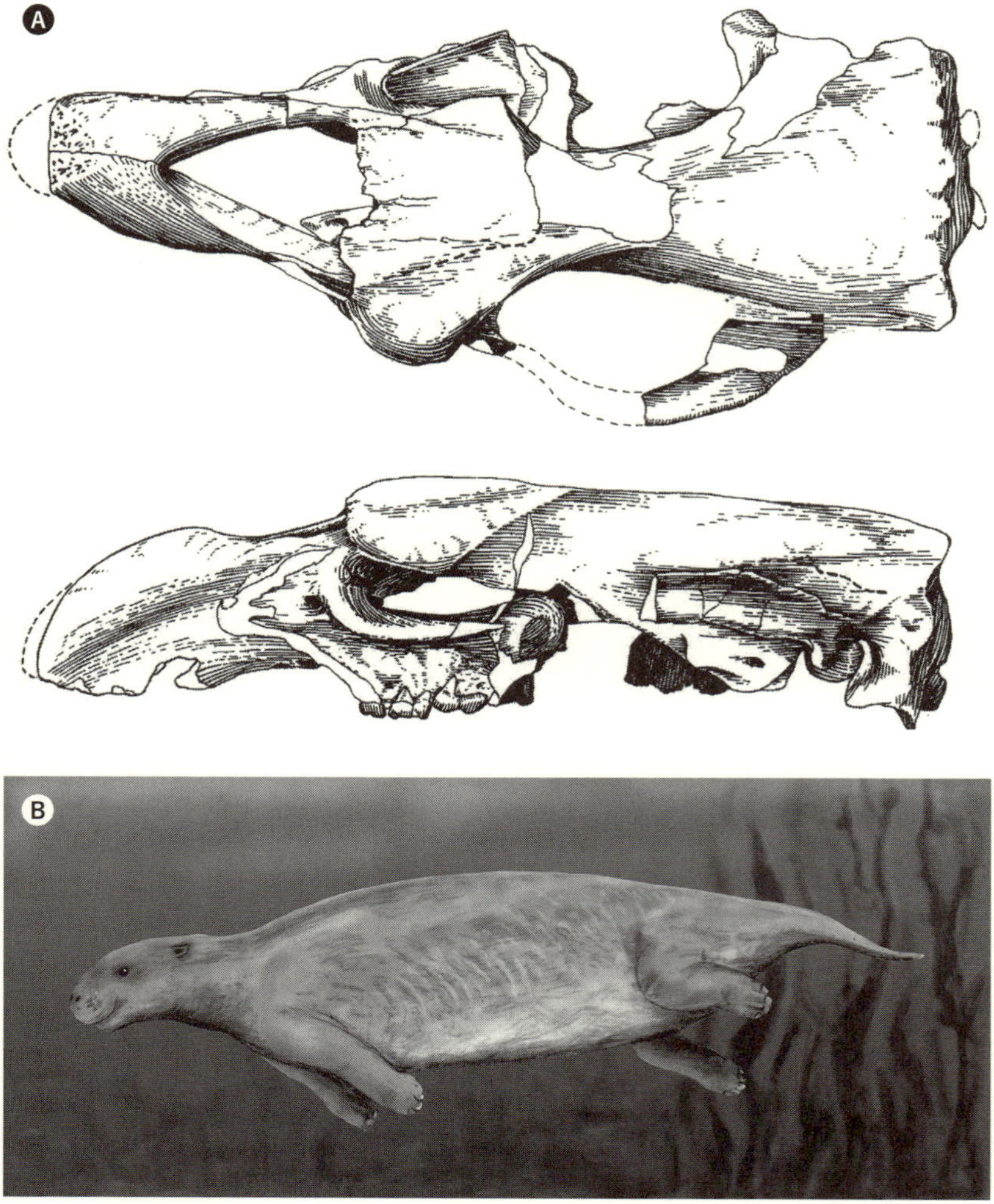

▲**図 2.2**　プロラストムス
A：リチャード・オーウェンが記載した頭骨
B：生きている姿の復元

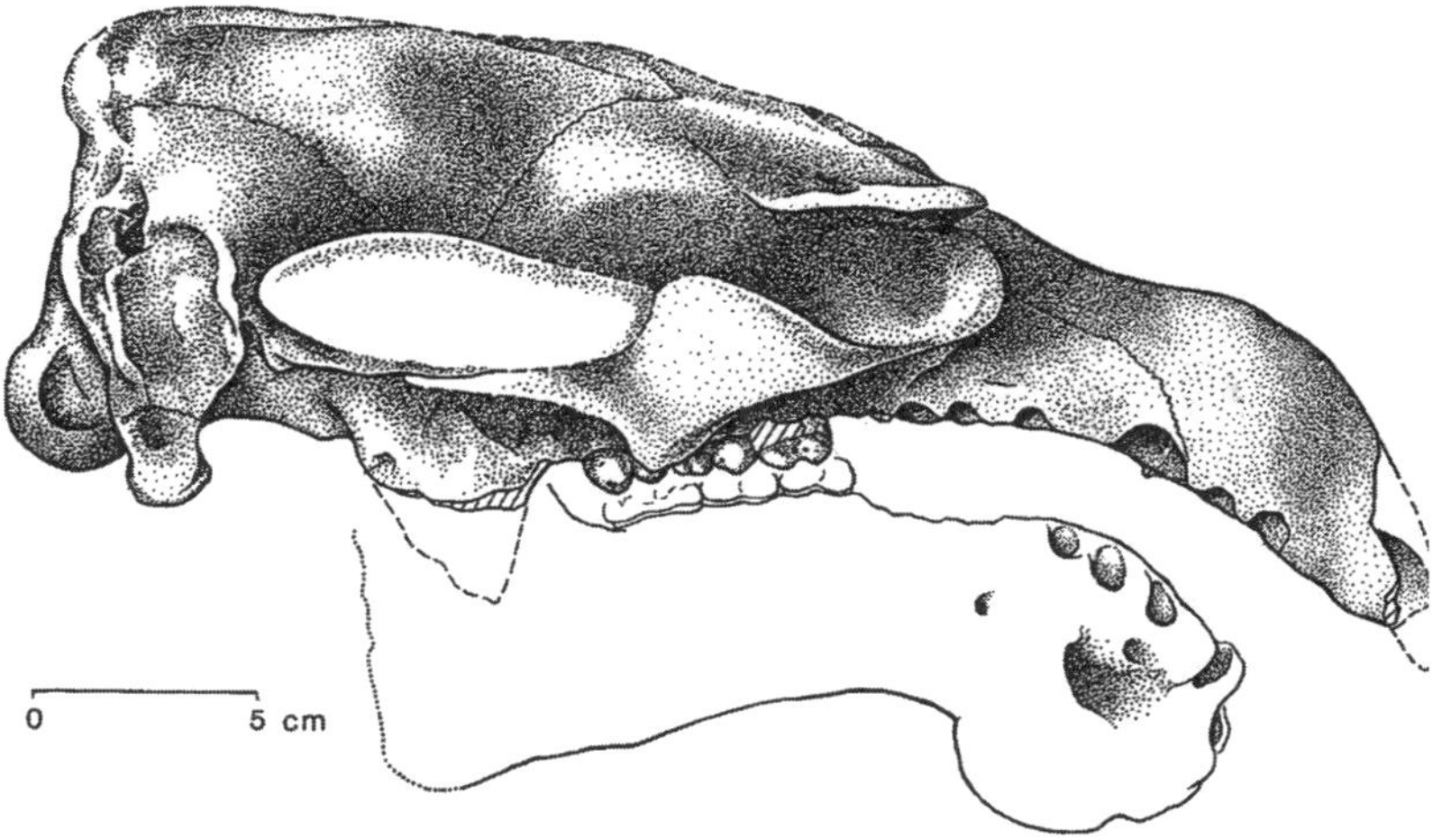

▲**図 2.3**　プロトシーレンの頭骨
プロラストムスよりも進化したカイギュウ

あったにもかかわらず、彼にはその化石と現生のカイギュウ目の類似性を否定することはできなかった。

時がたつにつれて、大西洋と太平洋の沿岸や、かつて海につかっていた陸の多くの場所で、カイギュウ類の化石が続々と発見された。一九〇四年には、オーストリアの古生物学者オテニオ・アーベルが、エジプトにある中期始新世（四七〇〇万～四〇〇〇万年前）のゲベル・モカッタム累層の下部ビルディングストーン部層で発見された、さらに進化したカイギュウのプロトシーレン・フラーシの頭骨を記載した（図2・3）（その石灰岩はピラミッドの四角い石の外装に使われていた岩石だ）。その頭骨は格段に現代のカイギュウ類に似ており、吻はさらに下に曲がっていて、特殊化した鼻口が頭骨のさらに後方にあり、より進化した特徴がほかにも見られる。

その後、広い地域（ノースカロライナ州からフランス、ハンガリー、そしてパキスタンとインドまで）でプロトシーレンの化石が見つかり、ほぼ世界中の熱帯や亜熱帯の海に分布していたことがわかった。骨格の残りが見つかると、後肢が非常に小さかったことが判明した。さらに、腰は背骨の下部にしっかりついておらず、ほぼ完全に水生で、陸上を歩くことはほとんどできなかった。プロトシーレンよりも新しいカイギュウ類の化石の大半にはさらに縮んだ後肢が見られ、それらの祖先はもう歩けず、完全に水生になっていたことを示している。現生のマナティーとジュゴンの場合も、腰と大腿部の小さな痕跡が背中の下部のまわりにある筋肉の中にまだ埋まっているが、脚が四本ある陸生動物から進化したことを証明する以外には、もはや何の機能も持っていない。

つまり、最古の化石カイギュウ類（プロラストムス）には頭骨の特徴が現れはじめているのが見られ、厚みがあって密度の高いカイギュウ類の肋骨があったが、四肢はよく保存されていなかった。次に若い化石カイギュウ類（プロトシーレン）は脊椎に少しだけつながっている短い後肢を持っており、ほぼ水生だった。必要なのは、明らかにカイギュウ類の頭骨と肋骨を持っているが歩くための四肢を備える化石、つまり、カイギュウ類が陸生動物から進化したことを示す最後の証拠だった。

ミッシングリンクはジャマイカにあった

熱帯の楽園ジャマイカは、化石ハンターに関するドキュメンタリーでおなじみの過酷な悪地からはかけ離れた場所だが、重要な化石が見つかっている。モンテゴ・ベイというリゾート地から南に約一五キロメートル離れたセント・ジェームズ教区内のセブン・リバーズと呼ばれる地域には、すばらしいボーン・ベッドがいくつかある。オーウェンのプロラストムスの頭骨を産出したのと同じ下部始新統のチャペルトン累層で、ロジャー・ポーテルなどの古生物学者たちが長期にわたって化石採集を行った。ポーテルは軟体動物の化石を探しており、巨大な海生巻貝のカンパニレやそのほかの多くの絶滅した巻貝や二枚貝を発見した。これらの地層に含まれている骨は、古代のラグーンや三角州に流されてきて海生巻貝の殻と一緒に埋まったもので、すべてが粉々になっていた。年月を重ねるにつれて、イグアナや原始的なサイ、キツネザルに似た霊長類と思わしき動物の化石などが流されてきて堆積した。

一九九〇年代中ごろには、チャペルトン累層で見つかった化石のコレクションが増えて、化石カイギュウ類研究の第一人者であるハワード大学のダリル・ドムニングの目にとまった。チャペルトン累層からは一五〇年以上も前に発見されたプロラストムスなどのカイギュウ類の標本がさらに見つかる見こみが大きく、調査する価値が十分にあった。ジャマイカで本格的な発掘を数シーズン行った結果、数百の骨が見つかった。だが、プロラストムスの化石が出てくるかわりに、まったく新しい属と種のカイギュウが見つかった。幸運にも、その骨格はほとんど完全だった。

ドムニングは二〇〇一年にその標本の記載を、世界でもっとも重要な科学雑誌「ネイチャー」に発表した。そして、ペゾシーレン・ポーテリ（ポーテルの歩くカイギュウ）と命名した（図2・4）。ペゾシーレンは大きなブタ程度のサイズで（約二・一メートル）、プロラストムスによく似た頭骨を持っていた。いくつかの点（頭骨の頂上の稜《りょう》など）ではプロラストムスよりも原始的だったが、ほとんどの点（耳の部分や、下顎の先が下向きにたわんでいることなど）においては、ペゾシーレンのほうが進化していた。また、すべてのカイギュウ類に典型的な、厚みのある密度の高い肋骨が長い樽型の胴体を構成しており、尻尾は短かった。

さらに重要なことに、ペゾシーレンの化石にはほぼ完全な寛骨《かんこつ》と四肢があった。四肢はすべて短かったが、陸上を歩くためのごく普通のもので、手足には遊泳への明らかな特殊化が見られなかった。四肢と脊椎の詳細な分析によれば、その泳ぎ方は足で水をかいて、浅瀬の底にそって前進する方法（カバの泳ぎ方）で、尾を上下に動かして泳ぐ方法（カワウソ、カイギュウ、クジラ、アシカやアザラシ、トドなどの泳ぎ方）ではなかった。

かくして水生のカイギュウと陸生の祖先のミッシングリンクが発見された。それはまぎれもなく両

▲**図 2.4**　ペゾシーレン
A：ダリル・ドムニングと復元されたペゾシーレン・ポーテリの骨格
B：生きている姿の復元

者の中間にあたるものだった。ペゾシーレンはカイギュウ類に見られる頭骨と頑丈な肋骨を持ちながらも、完全に発達した四つ足動物の脚を保っていた。近年発見された数ある歩くクジラ類やほかの移行化石と同様に、どのようにして陸生動物のグループがまた一つ海に帰っていったのかを示している。

アフリカ脱出に成功

パズルを完成させるには、まだ一つだけピースが欠けていた。カイギュウ類やゾウなどのテチス獣類にもっとも近い生物は、テチス海に接する北アメリカやパキスタンなどの地域に出現した。それなのにカイギュウ類の最古の化石（プロラストムスとペゾシーレン）は、ジャマイカで発見されたのだ。二〇一三年に、ジュリアン・ブノワとほか九名が率いるグループが、チュニジアの前期始新世（約五〇〇〇万年前）の地層から新しく発見された標本に関する論文を発表した。その中には、カイギュウ類の耳の部分であることが明らかな頭骨の骨が数点と、骨格の破片がいくつか含まれていた。あまりにも不完全な標本であり、正式な分類学的命名に値しないため、シャンビという場所で発見されたことから、暫定的にシャンビカイギュウと呼ばれている。

だが、破片とはいえ、その耳の部分はパズルを完成させるのに十分なものだった。というのも、類

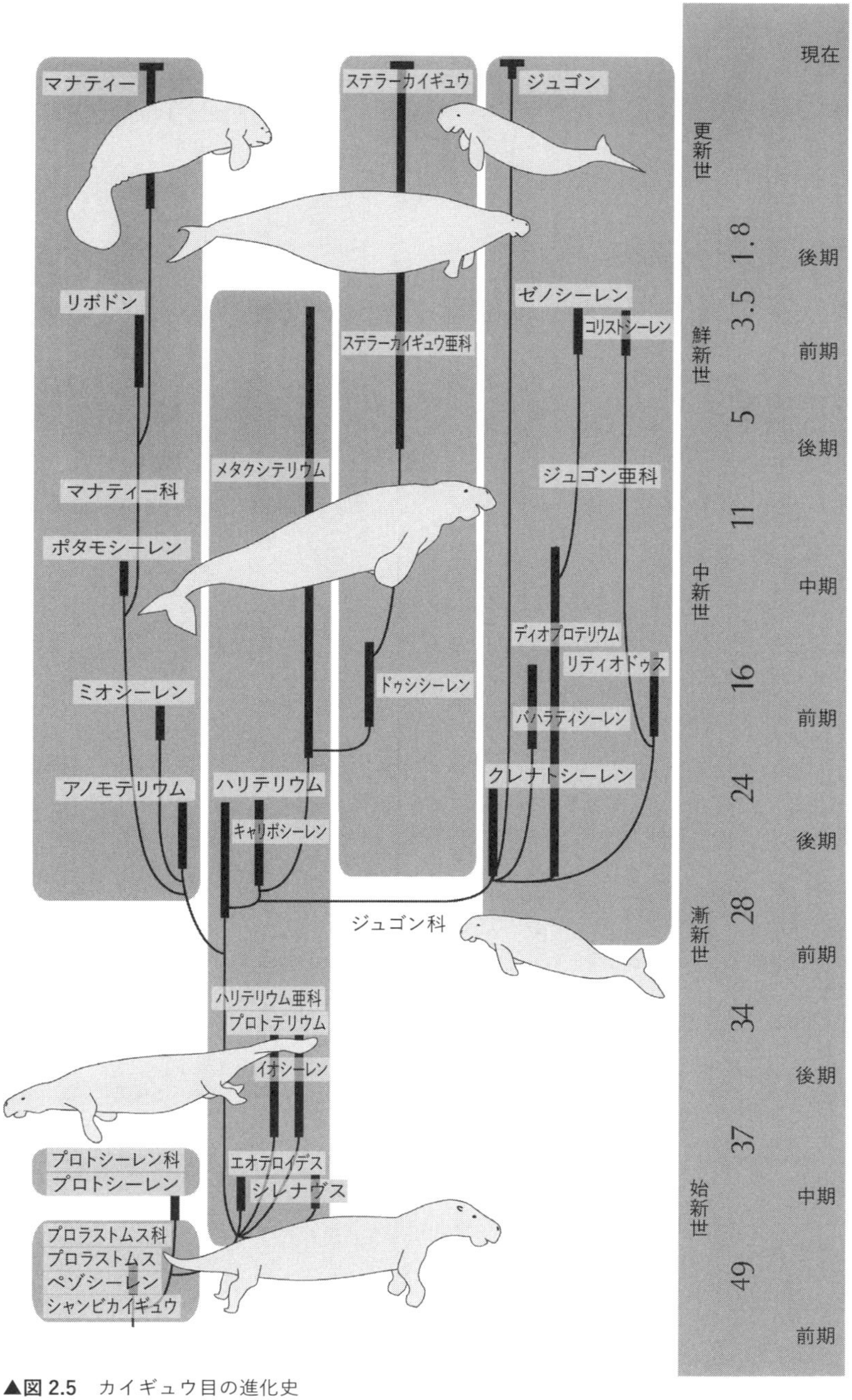

▲図 2.5　カイギュウ目の進化史

縁の最初期の長鼻類やハイラックスなどのテチス獣類と同様に、最初期のカイギュウ類が出現したのはテチス海の地域（おもにアフリカ）だったことが示されたのだ。カイギュウは水生だったので、すぐにカリブ海からインドまで広がった（図2・5参照）。一方、長鼻類やハイラックスや残りのテチス獣類はアフリカに閉じこめられたまましばらく過ごし、ようやく約一六〇〇万年前にアラビア半島経由でアフリカからの脱出に成功した後に、世界中に広まった。すぐにマンモスやマストドンが北半球のすべての大陸で見られるようになった。ゾウはアジアに到着し、ハイラックスはユーラシア中に広がった。このようにして、新しい世界ができたのである。

ステラーの怪物

十八世紀初頭、ピョートル一世はロシア帝国を拡張して、世界に対するロシアの影響を拡大しようと試みた。彼はロシアの政治や社会習慣を現代化し、洗練させることに取り組み、特に、ヨーロッパの習慣を模倣して、フランスやイギリス、オランダ、ドイツのいくつかの地域のような先進的な国や地域がすべてそうであったように、科学や学術的な分野の成長を促そうとした。そして、帝国の最果ての地シベリアと、特に長らく無視されつづけてきたカムチャツカのような辺境の地がある太平洋沿岸に海洋探検隊を送りこんだ。

一七〇四年にデンマーク出身のキャプテン、ヴィトゥス・ベーリングがピョートル一世の海軍に入隊した。そして、一七二五年に、ベーリングはそれまでほとんど知られていなかったカムチャツカ半島の北の地域を探検した。アジアと北アメリカの間には海があるのではないかと考えていたのだが、十分に北東へ航海する前に、彼はカムチャツカにもどらなければならなかった。カムチャツカの北東に何があるのか発見するために、さらに大きな探検に必要な資金と装備と人員を何年もかけて探した。

ついに一七四一年に、数隻の船と大勢の乗組員を率いてカムチャツカの北東に向かい、アリューシャン列島の多くの島を訪れ、コディアック島とアラスカ本土に到達した。ヨーロッパ人がそれらの地域を見たのはこれがはじめてだった。しかし、天候が厳しく、嵐にみまわれ、船は何度かお互いを見失い、一隻は難破した。さらに、乗組員は体調を崩して、壊血病で次々と死んでいった。彼らは肉と海でとった魚しか食べておらず、ビタミンCを含む果物を食べていなかったのだ。生き残った一隻の大型船の乗組員が（船の残骸で小型の船をつくって）一七四二年の八月に命からがらロシアにもどった。ベーリング自身も途中で死亡し、カムチャツカ半島の近くの島に埋葬された。今ではそこはベーリング島と呼ばれている。また、ベーリング海峡、ベーリング海、ベーリング氷河なども彼にちなんで命名された。

二回目の探検にはドイツの博物学者ゲオルク・ステラーも参加していた。ステラーは博物学の主任として雇われており、後世にとって幸運なことに、ヨーロッパ人がはじめて訪れた北太平洋の野生生物の記録を残した。ベーリングを説得し、陸地を散策して採集する許可を得たため、ステラーはアラスカに足を踏み入れた最初のヨーロッパ人になった。そして、多くの哺乳類や鳥類の種を発見した（その多くに彼の名前がついている）。ステラーカケス（黒い頭と胸が特徴的な寒冷地のカケスで北アメリカ西部の山地に生息する）が見つかり、さらにステラーのアシカ（トド）やステラーのケワタガモ（コケワタガモ）、ステラーのウミワシ（オオワシ）などの多くの絶滅危惧種も発見された。すでに絶滅してしまった生物も二つある。ベーリングシマウ（メガネウ）とステラーカイギュウだ。

食料となるカワウソが見つからなくなると、乗組員の中のハンターたちは、おとなしいステラーカイギュウに目を向けた。それは巨大な生物で、クジラ類をのぞくと、当時は最大の海生哺乳類だった（図2・6）。成長すると八〜九メートルになり、重さは約七〜九トンに達した。その地域に住む先住民がとっていたために、残っている群れが少なく、数千頭にまで減少していたにもかかわらず、非常におとなしい動物で、人間に対する警戒心がなかった。ステラーは報告書に次のように記している。

その島の海岸全域、特に川が海に注いで、あらゆる種類の海藻がもっとも茂っている場所にはカイギュウ……が一年の各季節を通じて、群れとなって大挙して姿を現す……。最大の個体は四〜五尋（約七〜九メートル）、もっとも厚みのあるへそ周辺は三・五尋（直径が約二・二五

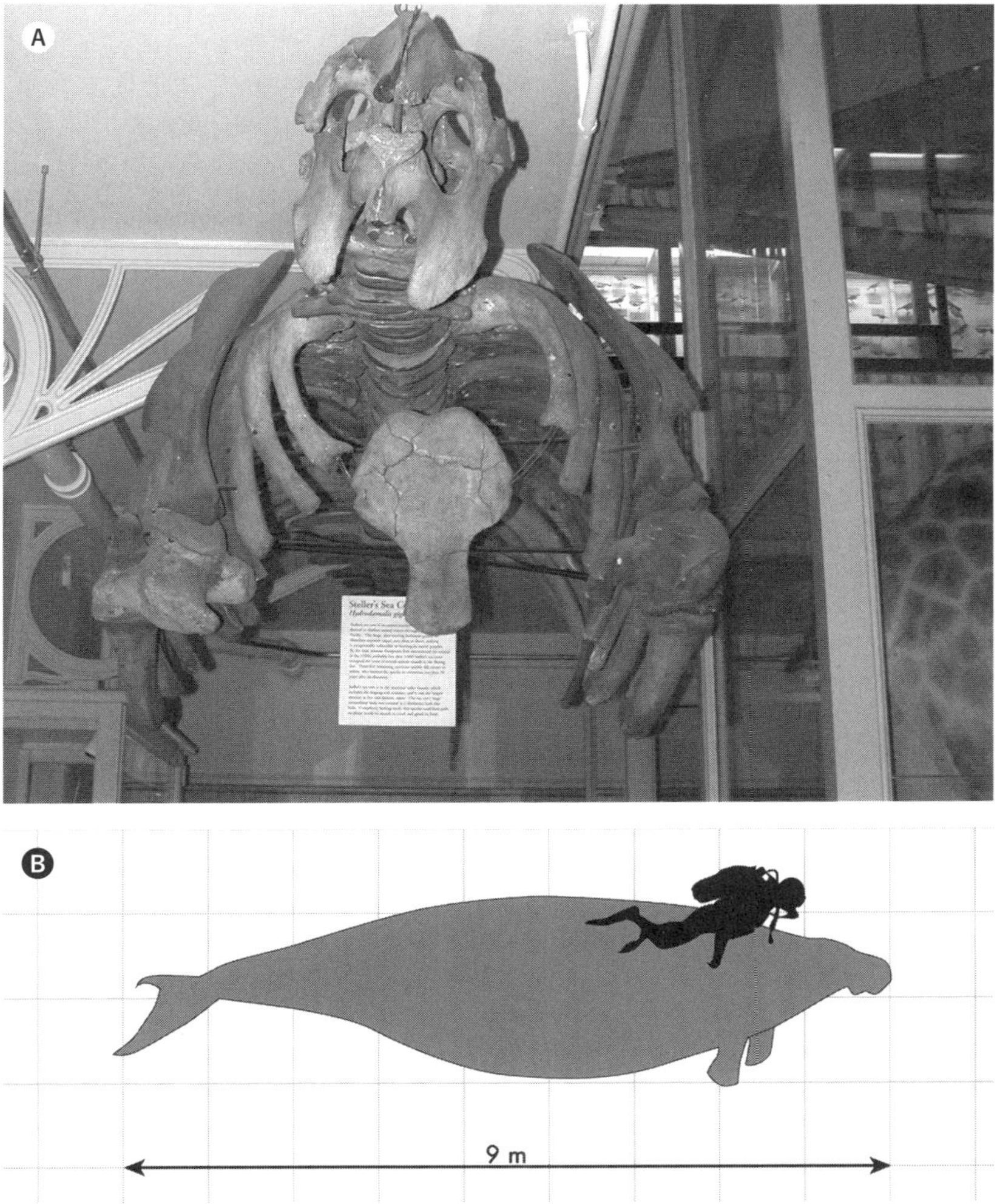

▲**図 2.6**　ステラーカイギュウ
A：ハーバード大学の比較動物学博物館に展示されている骨格
B：ステラーカイギュウと人間の大きさの比較

メートル）。へそまでは陸生動物に相当するが、へそから尾までは魚である。骨格の頭はウマの頭と少しも区別がつかないが、皮と肉に覆われているときには、特に唇に関しては、ややバッファローの頭に似ている。眼には瞼《まぶた》がなく、ヒツジの眼ぐらいの大きさである……。腹部は丸々として、非常に膨らんでおり、いつでもぱんぱんに詰まっていて、ほんの少し傷ついただけでも、シューッと大きな音をたてながらすぐに内臓がはみ出す。カエルの腹のようだ……。

陸上のウシのように、これらの動物は海で群れとなって暮らし、たいてい雄と雌はつがいになり、海岸中で目の前にいる子どもをつついている。これらの動物は食べることで忙しい。背中と腹の半分だけが常に水の外から見え、ちょうど陸生動物のように、ムシャムシャ食べながらゆっくり一定の速度で前進する。足を使って岩から海藻をはがし、絶え間なく噛みつづける……。

潮が引くと海岸から沖へ出て、満ちてくると再び海岸にもどるのだが、我々のそばまで来ることもしばしばあり、棒で叩けるほどの近さだ……。彼らはまったく人間を恐れない。水中で休みたいときには、入り江の近くの静かな場所で仰向けになり、ゆっくりゆらゆら浮かんでいる。称賛に値するような知性を示すものは観察できなかった……が、まちがいなく互いを途方もなく愛しており、一頭が傷つけられるとすべての仲間が助けようとし、浜に引き上げられないようにその一頭を取り囲むほどだ。ほかの仲間は小型のボートを転覆させようとする。ロープに乗り上げるものもいれば、銛を体から引き抜こうとするものもいて、実際に数回は成功している。我々はさらに、一頭の雄が海岸で死んでいる雌のところを二日連続で訪れ、状態を調べていたのも観察している。それでもなお、仲間が何頭傷つけられたり殺されたりしても、常に一か所に居つづける。

この動物の脂肪は脂っこくなく、ぶよぶよしてもおらず、むしろ固く、腺があり、雪のように白く、太陽の下に数日間置いておくと、上質のバターのようなきれいな黄色になる。煮た脂肪そのものは甘みに優れ、上質の牛肉の脂のような味がし、色と滑らかさは新鮮なオリーブオイル、味は甘いアーモンドオイルのようで、格別に香りが高く、栄養価も高い。我々は吐き気も催さずにカップ一杯分を飲んだ……。年をとった動物の肉は牛肉と区別がつかず、夏の盛りであっても、二週間かそれ以上野外に保存し、クロバエがたかってウジだらけになったとしても、嫌な匂いがしないという類いまれな点において、すべての陸生動物と海生動物の肉とは異なる。

ロシアにステラーとベーリングの発見に関する知らせが届くやいなや、ハンターや毛皮商人が彼らの足跡をたどって、カムチャツカからベーリング海を渡り、アリューシャン列島に向かい、捕まえられる動物ならほとんどなんでも殺して食べた。彼らは価値のある毛皮のためにおもにラッコをとっていたが、アシカ、アザラシ、トド、セイウチ、クジラなど、見つかるものは何でも殺した。数千頭しかいなかったステラーカイギュウの個体群は、食用や単なる狩猟遊びのために簡単に虐殺されてしまった。カイギュウ類で最大の種は、ステラーが最初に彼らを目撃してからたった二七年しか経っていない一七六八年までに絶滅してしまったのである。

自分の目で確かめよう！

ペゾシーレンのオリジナルの化石は展示されていないが、レプリカは以下の博物館に展示されている。ジャマイカのモナにある西インド諸島大学の地質博物館、ベリーズのスパニッシュルックアウトキーにあるスパニッシュベイ・コンサベーション&リサーチセンター、パリにある国立自然史博物館、東京にある国立科学博物館。

ステラーカイギュウの骨格は世界の27の施設に収蔵されており、その内の少数の施設で展示されている。マサチューセッツ州ケンブリッジにあるハーバード大学の比較動物学博物館、ワシントンD.C.にあるスミソニアン博物館群の一つの国立自然史博物館、ロンドン自然史博物館、エディンバラにあるスコットランド国立博物館、パリにある国立自然史博物館、リヨンにある自然史博物館、ドイツのブラウンシュヴァイクにある自然史博物館、ウィーン自然史博物館、スウェーデンのヨーテボリにある自然史博物館、ストックホルムにある自然史博物館、スウェーデンのルンド大学の動物学博物館、ヘルシンキ自然史博物館、ウクライナのキエフにある国立自然史博物館、ロシアのサンクトペテルブルクにある動物学博物館、モスクワ大学の動物学博物館などだ。

第3章 ウマの起源・エオヒップス
あけぼのウマ

馬の系統の地質記録は典型的な進化の例である。

――『馬の進化（*The Evolution of the Horse*）』ウィリアム・ディラー・マシュー

ウマの進化――北アメリカVSヨーロッパ

一四九二年にコロンブスがカリブ海に到着したときには、南北アメリカ大陸のどこにもウマはいなかった。そして、一四九三年の二回目の航海の際に、コロンブスが西半球に家畜化されたウマをはじめて持ちこんだ。一五二一年にはエルナン・コルテスがアステカ帝国を征服した。銃と病原菌だけではなく、ウマもコンキスタドールの最大の強みだった。はじめてスペインの騎兵を見たアステカ人は恐れおののき、人間とウマが一つになったケンタウロスのような生き物だと考えた。

ウマは瞬く間に西半球に広がった。ヨーロッパとアジアで数千年間そうであったように、主要な移動手段となり、おもな役畜となった。ウマは大平原の先住民の文化を変えた。彼らはすぐにみごとに乗りこなし、ウマに乗って狩りや戦をするようになった。そして、バイソンの群れを追って移動する、ウマを基本とした生活が可能になった。また、ウマは西部開拓時代の基礎にもなった。特に大規模な牧場を営むためにカウボーイが必要不可欠な存在になるとなおさらだった。しかし、内燃機関と自動車が普及した結果、一九二〇年までにはウマの出番はほとんどなくなった。特に、第一次世界大戦では、近代兵器の開発によって、騎兵部隊は非常に弱い存在になってしまった。今日でも大規模農場が営まれ、ウマの文化が重要な場所も少しは残っているが、おもに富裕層のぜいたく品になっている。

一八〇七年にケンタッキー州のビッグ・ボーン・リックで、ウィリアム・クラーク（ルイス・クラーク探検隊で有名）によって北アメリカのウマの骨が発見されるまで、ウマはユーラシア原産の動物だと誰もが信じていた。すでにその層からは、絶滅したマストドンやマンモスや地上性のナマケモノなど、氷河期の生物の化石が見つかっていた。クラークは後援者であったトマス・ジェファーソン大統領（彼は熱心な古生物学者だった）にそれらの化石を送ったが、発見の重要性についてジェファーソンは一言も書き記さなかった。

一八三三年十月十日、若きチャールズ・ダーウィンがビーグル号の航海でアルゼンチンを訪れた。

地層が浸食されて化石ウマ類の歯と骨が露出しているのを発見したとき、彼は大変驚いた。その地層には、甲羅の大きさも形もまるでフォルクスワーゲン・ビートルのような、アルマジロに似た絶滅したグリプトドン類の化石も含まれていた。それらのウマの化石は、かつて南北アメリカ大陸にウマが生息していたことだけではなく、絶滅した氷河期の動物とともに生きていたことを示していた。

ダーウィンはすべての化石をイギリスの古生物学者リチャード・オーウェンに渡した。オーウェンはそれらをエクウス・クルヴィデンスと命名して、以下のように解説した。「ある属が過去に存在していたというこの証拠、つまり南アメリカに関しては、すでに絶滅しており、その大陸にふたたび持ちこまれたことを示すこの証拠は、ダーウィン氏の古生物学的発見の成果の中でも特に興味深いものの一つである」。そして、一八四八年には、アメリカの古脊椎動物学の父ジョゼフ・ライディが、それまで研究してきた多くの氷河期のウマ類の標本に関する論文を書き、コロンブスが到着するはるか昔に北アメリカには多種多様なウマがいたことを証明した。

そのころ、ヨーロッパでも化石ウマ類が発見された。現生の属であるエクウス（ウマ属）に分類される氷河期のウマが更新世の岩石から豊富に見つかっただけではなく、より古い地層からはさらに原始的なウマも発見された。中期中新世から後期中新世のヒッパリオンや、前期中新世のアンキテリウムなどだ（さらに、始新世のパラオテリウムの化石もあったが、結局これは真のウマでないばかりかウマ科の一員ですらないことが後に判明した）。一八七二年には「ダーウィンの番犬」の異名で知られるトマス・ヘンリー・ハクスリーが、四つの属が一続きのものであり、ヨーロッパでウマがどのように進化したのかを示していると指摘した。その一年後には、ロシアの古生物学者ウラジミール・コワレフスキーがその説をさらに発展させた。

また、アメリカではさらに多くの化石ウマ類が発見され、ライディやフィラデルフィアの自然科学アカデミーのエドワード・ドリンカー・コープ、イェール大学のオスニエル・チャールズ・マーシュといったアメリカの古生物学者たちが、西部で発見された膨大なコレクションを記載しはじめた。一八七一年と一八七二年には、マーシュがロッキー山脈で見つかった化石ウマをオロヒップスと名づけ、コープが前期始新世のウマをエオヒップスと命名した。

ハクスリーがアメリカに船で渡り、一八七六年のアメリカ合衆国独立一〇〇周年祭の間に講演旅行を行ったとき、ダーウィンの説を広めるために、ヨーロッパのウマの進化について話そうと考えていた。彼は旅の間にイェール大学のマーシュのもとを訪ね、まるまる二日間、そのコレクションの中で過ごした。息子のレナード・ハクスリーは父の伝記にこう記している。「しかじかの点のよい例となる標本はありますか、または、より古く特殊化が進んでいない生物から、より特殊化した生物へ移行した例となる標本はありますかと尋ねるたびに、マーシュ博士はただ助手のほうを向いて、何番の箱を持ってきなさいと命令したので、ハクスリーは博士を見やり、『あなたはマジシャンですね。わたしがほしいものを何でも呪文で呼び出してしまうのだから』と言った」。そして、ハクスリーは北アメリカのウマの進化を説明するために、もとのメモを破棄して講義内容を修正したのだった（図3・1）。

そして、ウマが進化したのは主として北アメリカであり、アンキテリウムやヒッパリオンなどのヨーロッパのウマは、北アメリカのおもな系統から移りすんだものであることがすぐに明らかになった。一九二六年までに、ウィリアム・ディラー・マシューなどの古生物学者が、時間の経過にともなうウマの進化を示す非常に単純化された図を描くことができるようになっていた（図3・2）。

始新世の小さなウマには三本または四本の指があり、葉や果実を食べるための歯冠の低い歯（短冠歯）が生えていた。そして、漸新世になると、メソヒップスとミオヒップスが現れた。それらの指は三本で、脚と指がより長くなっていた。さらにメリチップスなどの中新世のウマが続き、脚と足がより長くなり、両側の指は短くなり、歯は硬いざらざらした草をすりつぶすための歯冠が高い歯（長冠歯）になっていた。そして最後にこの系統は鮮新世と更新世にエクウス（ウマ属）で終わる。エクウスは脚が非常に長く、指は一本で、両側の指が完全に退化して機能しない小さな破片になっており、きわめて歯冠の高い歯が生えている。

マシューの古典的な図が発表されてから約九〇年の間に、ウマの進化について多くのことがわかった。単純化された直線的な系統は、複数の系統が同時に生きていたことを示す、複雑に枝分かれしたものに取ってかわられた（図3・3）。例えば、ネブラスカ州中北部のバレンタイン累層のレイルウエ

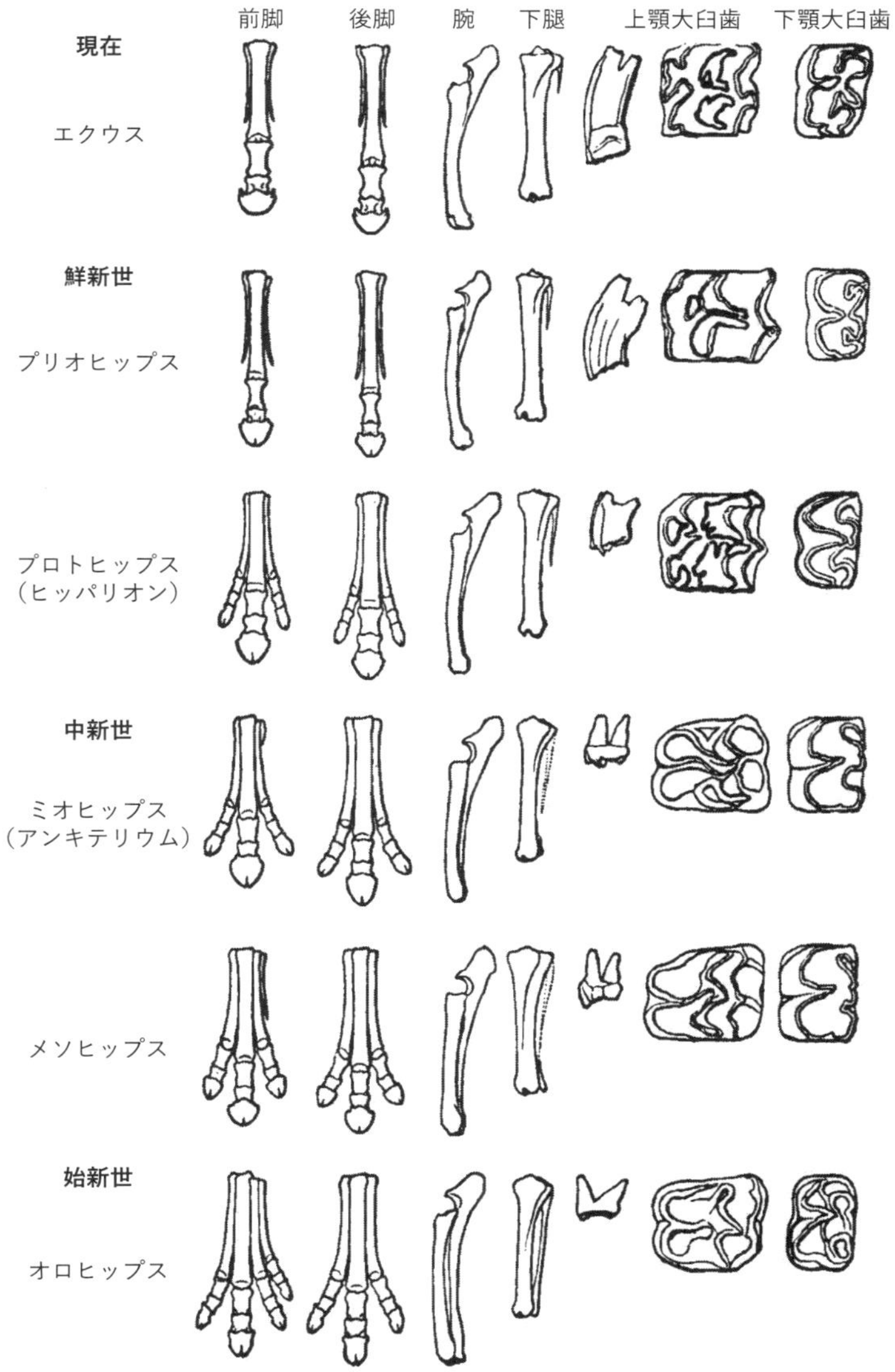

▲図 3.1　オスニエル・チャールズ・マーシュによる「ウマの系統図」
彼が持っていた北アメリカの化石ウマ類の化石にもとづき、ウマの歯と四肢の変化が示されている

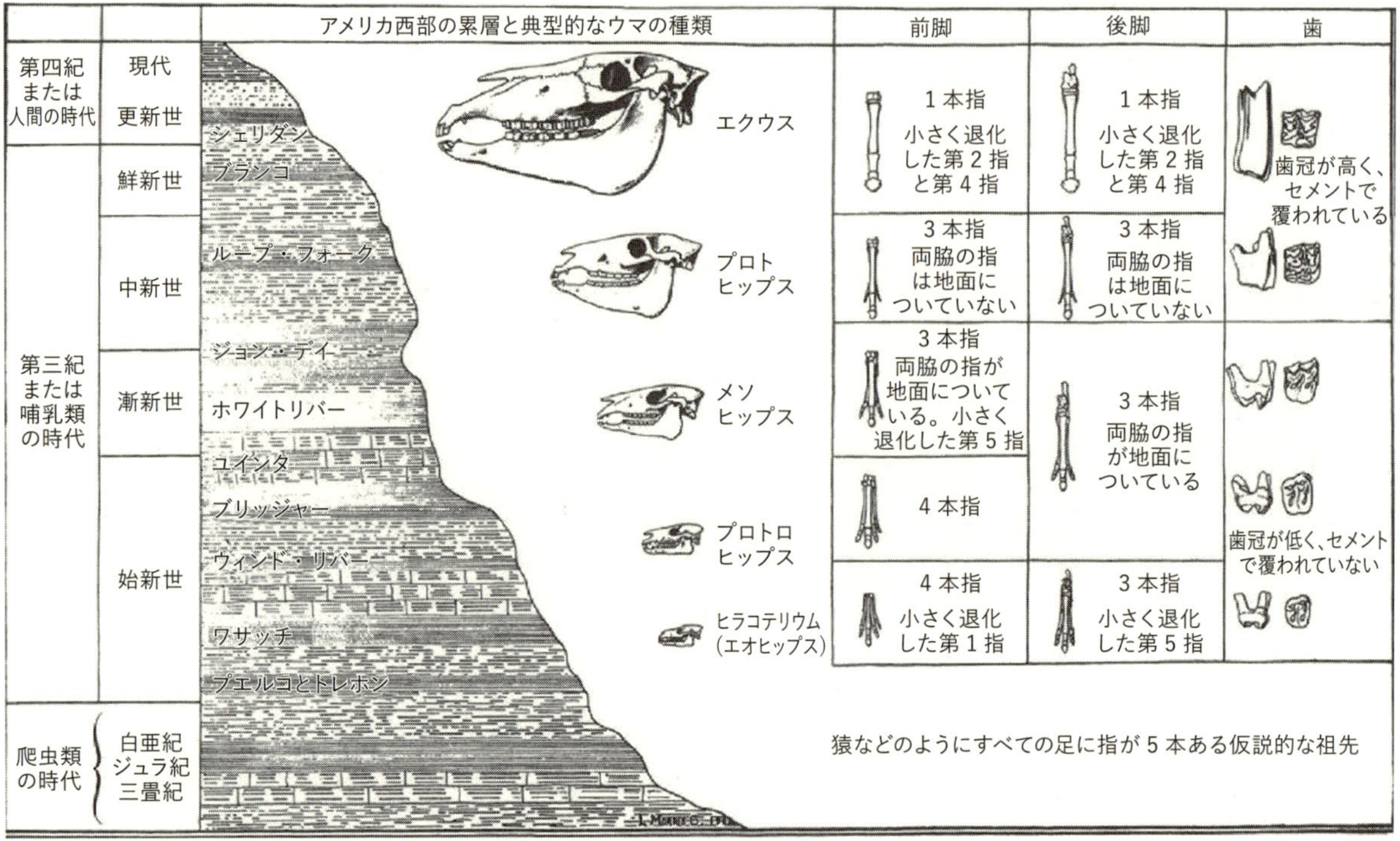

▲図 3.2　ウィリアム・マシューによる単純化されたウマの進化図
時とともに歯と骨格が単純に直線的に変化したことが示されている

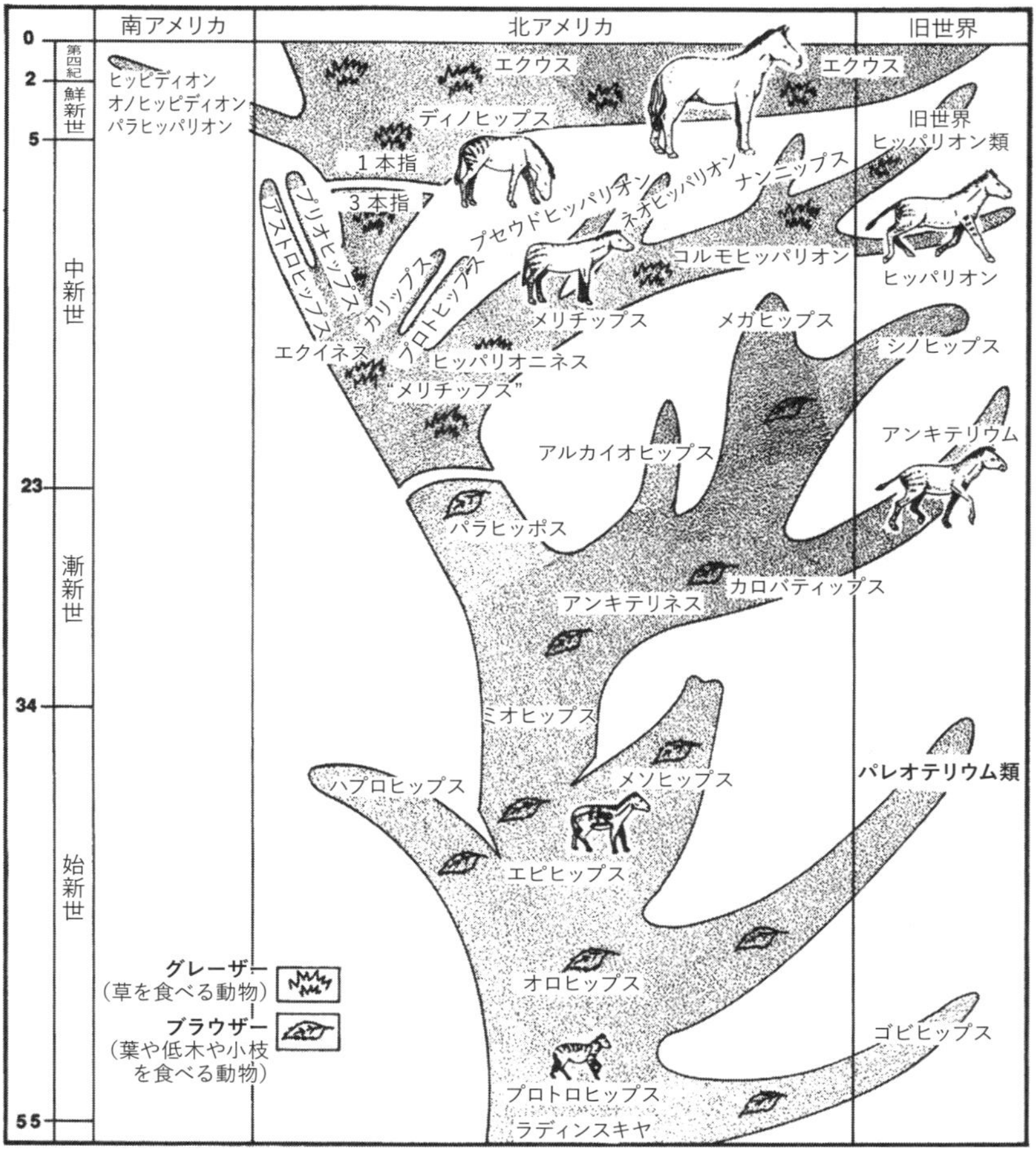

▲**図 3.3**　より現代的なウマの進化図
複雑に分岐した系統樹になっている

イ・クオリィ・A（中新世）からは、一二種の化石ウマ類が見つかっているのだが、それらはすべて同時期に同じ場所に生息していた。わたしがニール・シュービンと行ったメソヒップスとミオヒップスに関する研究では、ある時点では三種のメソヒップスと二種のミオヒップスが、同時に存在したことが判明した。それらのウマはすべて、サウスダコタ州のビッグ・バッドランズにある同じ地層の同じレベルや、ワイオミング州とネブラスカ州のそれに相当する地層から見つかっている。

「あけぼのウマ」

では、最初期のウマ類についてはどうなのだろうか。どのような姿をしていたのだろうか。どのように生きていたのだろうか。化石ウマ類は北アメリカ西部の下部始新統（五五〇〇万～四八〇〇万年前）によく含まれている。とりわけワイオミング州のビッグホーン盆地のウィルウッド累層、ワイオミング州のウィンドリバー盆地とパウダーリバー盆地のウォサッチ累層、ニューメキシコ州のサンノゼ累層で非常によく見られる。文字通り数千の顎や歯が見つかっており、まずまずの部分的な骨格もいくつか発見されている。最初期のウマ類はだいたいビーグル犬やキツネぐらいの大きさだった（体高二五～四五センチメートル）。不正確にも長年教科書でははるかに小さいフォックステリアと比較されてきたのだが、それはキツネ狩りを愛していた裕福なヘンリー・フェアフィールド・オズボーンの出版物を真似したためである。

子孫に比べると、最初期のウマ類の頭と吻は短く、脳も小さく、歯は歯冠が非常に短く歯根も短かった。臼歯はいくつかの十字の頂部と低い咬頭《こうとう》で構成されており、軟らかい若葉や果物などを食べるのに適応していた（図3・1、図3・2参照）。これらのウマは指先で走り、跳躍も得意だったが、四肢と指は比較的短かった（図3・4）。前脚には四本、つまり原始的な本数の短い指があり（小指は非常に小さく、親指は完全に失われていたので、三本の指で歩いていた）、後ろ脚には短い指が三本あった（親指と小指はなかった）。最初期のウマ類の尾は猫に似た長い骨質の尾で、後にウマ類が発達させたような短い骨質の尾に長い毛が生えているものではなかった。つまり、もしあなたがそれらを見かけても、けっしてウマだとは思わないだろうし、一番小さなポニーとさえ思わないはずだ。むしろ、アカハナグマや、ウマに似ていない哺乳類を思い浮かべるかもしれないが、ほんのわずかでも似ている現生の哺乳類はいない。

化石の証拠は、それらのウマが「超温室」状態の前期始新世の世界にあった密林での生活にみごとに適応していたことを示している。当時は大気中の二酸化炭素があまりにも多く、ワニ類が生きていけるほど極域が比較的温暖で（年に半分は暗闇だったが）、ウマやバクも生息していた。それらの化石を産出するかつてのモンタナ州やワイオミング州などは現在とは似ても似つかない環境だった。今

▲図 3.4　北アメリカの前期始新世のウマ
A：据えつけられた骨格
B：生きている姿の復元

日ではやせた大草原地帯で、冬は降雪量が非常に多く、氷点下の日が何か月も続くのだが、始新世には熱帯林が広がっていた。

ジャングルには小さなウマ類が生息していただけではなく、数々のバクや、ウマに似たサイをはじめ、さまざまな原始的な有蹄哺乳類が生息していた。梢にはキツネザルに似た霊長類がたくさんおり、今は絶滅した樹上性哺乳類のグループも多く生息していた。太古の哺乳類の捕食者もいたが、オオカミ程度の大きさしかなかった。大きな哺乳類の捕食者が存在しないなか、始新世のジャングルの最上位の捕食者は、ロッキー山脈ではディアトリマ、ヨーロッパではガストルニスと呼ばれる巨大な嘴《くちばし》と小さな翼を持つ、高さ二・五メートルの飛ばない鳥だった。ヨーロッパで彼らが獲物にしていたのはパレオテリウムなどのパレオテリウム類で、それらはウマの類縁のグループだった。パレオテリウム類は北アメリカの主系統に関連する真のウマではなかったが、前期始新世のヨーロッパでウマの役割を担っていた。

名前が何だ、重要なのは中身なのだが

最大のジレンマは、これらの生物を何と呼べばいいのかということだった。北アメリカの始新世の

ウマ類にはじめて与えられた名前はオロヒップス・アングスティデンスであり、ニューメキシコ州の中期始新世の地層から発見されたひどく壊れた歯と顎の標本にもとづいて、一八七五年にマーシュが命名したものだった。そして、一八七六年には、状態のよい部分的な骨格が見つかっているエオヒップス・ヴァリダスという種にもとづき、マーシュが前期始新世の化石のいくつかをエオヒップス（ギリシャ語で「あけぼののウマ」の意）と名づけた。その後、多くのよい標本がエオヒップス属に加えられている。すぐに前期始新世のエオヒップスが、中期始新世のオロヒップスとは異なることが明らかになったため、エオヒップスという名前は前期始新世のウマ類を指すことになった。この名前は二十世紀初頭に広く使用されるようになり、ウマの進化を示す古い図には、ほぼすべてにエオヒップスという名前が見られる（一般に使われるもの、特に教科書によく見られる）。

そして、一九三二年に、大英自然史博物館（ロンドン自然史博物館）のクライブ・フォースター・クーパー卿が、アメリカのウマ類の化石と一八四一年にリチャード・オーウェンが記載したある化石が酷似していることに気づいた。それは前期始新世のロンドン粘土層から発見されたヒラコテリウム（ハイラックスのような獣の意）と呼ばれる標本だった。ヒラコテリウムはエオヒップスよりも三五年早く命名されていたため、国際動物命名規約の優先権によって、初期のウマの名称としてヒラコテリウムが有効な学名になった——もちろん、エオヒップスとヒラコテリウムがまったく同一のものであれば、の話だが。一九五一年に聡明な古生物学者ジョージ・ゲイロード・シンプソンがこの説を強く主張したため、広く受け入れられるようになった。二十世紀の残りの時期のほとんどは、北アメリカとヨーロッパの前期始新世のウマ類はすべてヒラコテリウムとしてひとまとめにされた。また、この名前は今でも、変わりつづける科学に追いついていない多くの書籍やメディアで使用されている。

しかし、科学は進みつづけ、さらに状態のよい標本が新たに見つかって、化石命名の指針もまた変化している。二十世紀初頭の古生物学者は分類学上の「細分派」であり、差異がどんなに小さかろうと、見つかったほぼすべての化石に新しい属名と種小名を与えた。そして、一九三〇年代と四〇年代になると、古生物学者と生物学者が野生動物集団の標準的なばらつきの範囲を調べはじめ、新種の根拠とされてきた多くの特徴が、ただ単に一つの種の中の正常範囲内の変異だったことが判明した。一九四〇年代以降はこの「集団科学的思考」が主流になったため、特に生体構造による強力な証拠がない場合や、時間や空間の分布上の強い証拠がない場合、また、現代生物学的に、異なる動物として分類する根拠となるような正常な種のばらつきに関する統計的な強力な証拠がない場合には、少し差がある多くの化石を同じ種にまとめたがる古生物学者が多い。

だが近年、より多くの標本が集まり、特に以前には知られていなかった生体構造が見られるようになって、「分類学上のがらくた箱」に分類されてきた化石が再調査されることになった。新しい分類の考え方（分岐論）によれば、がらくた箱には何の進化上の意味もなく、生物の自然なグループでもないため、正式な分類学的名称として認められるべきではない。例えば、脚が四本ある動物（四肢動物）をのぞくすべての脊椎動物を一つのグループにまとめて「魚」という言葉を使う人がいる。しかし、肺魚《はいぎょ》が密接に関係しているのは硬骨魚よりも四肢動物であるし、硬骨魚が近いのは無顎魚類よりも人間だ。したがって、現代の分類学では、魚類や魚上綱といった一般的な用語はもはや使用されていない。それらの言葉は共通の生態を示しているだけで、独自の進化の歴史を共有する自然のグループを指してはいないのだ。

案の定、初期の化石が再調査され、よりよい化石も多く発見されると、ヨーロッパと北アメリカの前期始新世のウマ類はすべてヒラコテリウムに分類すべきであるという説は粉々に打ち砕かれた。最初に、一九八九年にロンドン自然史博物館のジェレミー・フッカーが、ロンドン粘土層から発掘されたヒラコテリウムの化石をすべて調べ、分析を新しく行った結果、それらはウマ類ではなく、ヨーロッパのパレオテリウム類であるという結論に至った。したがって、北アメリカの前期始新世のウマ類をすべて都合よくひとまとめにしてヒラコテリウムと呼ぶことはもうできなくなった（一部の科学者はこの結論を受け入れていないが、なんらかの証拠や妥当な分析にもとづく判断ではない。長年北アメリカのウマ類をヒラコテリウムと考えてきたため、因習を破れないのだ）。

さらに二〇〇二年には、テキサス大学のデービッド・フローリッヒがアメリカの前期始新世のウマ類をすべて慎重に分析した。その結果、すべてに単一の属名を適用することはできないことがわかった。それらは原始的な特徴をもとにして巨大な一つの分類学上のがらくた箱にまとめられていたのだ。

エオヒップスという名前を復活させることはできるが、この名前を使用できるのはコープのアングスティデンスとマーシュのヴァリダスという種だけだった。長年ヒラコテリウムまたはエオヒップスと呼ばれてきた前期始新世のウマ類の標本のほとんどにはどちらの属名も使えず、新しい属か復活させた昔の属に分類されることになった。

例えば、ジェイコブ・ウォートマンが一八九四年に命名したプロトロヒップスというウマの属名は、モンタヌムやヴェンティコルムなどの、より進化した種に適している。また、フローリッヒが新しくつくった属もいくつかある。例えば、最前期始新世の小さなウマ、サンドラエにはシフルヒップスという属名、インデックスとジカリライという種にはミニップスという属名、グランゲリとアエムロルとペルニクスという種にはアレナヒップスという属名が与えられた。そして、コープのタピリヌムのようないくつかの種はウマではなく、バクを含む別の奇蹄類の近縁だということがわかり、現在はシステモドン・タピリヌムと呼ばれている。

というわけで、前期始新世のウマ類には、簡単に覚えられ、図に分類できるような単一の属名はない。すべてをエオヒップスと呼んで一件落着とはならないのだ。それでは事実とは異なるし、著しく単純化されすぎている。あまりにも単純な人間の考えや図よりも自然ははるかに複雑で多様なのだから、最新の研究結果が反映されるようにわたしたちは見方を変えなければならない――長くまちがって使用されてきたブロントサウルスという名前がもう使えないことや、冥王星をもう惑星と呼ばないのと同じように。つまり、ウマの進化を表す図や教科書のウマに関する部分は、エオヒップスであろうがヒラコテリウムであろうが、前期始新世のウマ類にたった一つの属名しか与えていないものはすべてまちがっている。最新の知見を反映させるなら、現代の図には少なくともプロトロヒップス、シフルヒップス、ミニップス、アレナヒップスが載っていなくてはならない。

いずこよりウマ来たる?

わたしが大学で取ったマイケル・ウッドバーン教授の古脊椎動物学の授業では、最終課題として、ワイオミング州エンブレムの近くのビッグホーン盆地から発掘された、最前期始新世の哺乳類の骨がたくさんまざったサンプルが、学生一人ひとりに配られた。わたしたちの仕事はそれらを分類し、科学文献を使って同定して、入っていた種のリストをつくることだった。当時は前期始新世の哺乳類に関する最新の分類がほとんどなかったので、非常に難しい課題だった。一九七〇年代後半から続々と発表されたフィリップ・ギンガーリッチやケニス・ローズ、デービッド・クラウス、トーマス・ボウンによるビッグホーン盆地の哺乳類に関する膨大な論文によって状況は一変した。それらの論文が一九七五年までに発表されていたら、あの課題はいかに楽だったことか。

その課題で一番よく覚えているのは、わたしのトレーには初期の奇蹄類、特にウマ類（今日ではそれが何と呼ばれているにせよ）とバクの親戚のホモガラックスの顎がいっぱい入っていたことだ。うちの末の息子でさえ二歳のときにはすでにバクとウマの区別ができたというのに、それらを見わけるのは非常に困難な作業だった。今日ではバクとウマの歯や生体構造全体ははっきり異なっているが、五五〇〇万年前には、実質的に歯はそっくりだったし、頭骨や骨格の大部分もそうだった（図3・5）。たった一つか二つのわずかな違いで区別されるため（特にバク類に対してウマ類は十字の頂部がいかに連続しているかで見わけられる）、違いを見きわめるには訓練が必要で、見る目を養わなければならなかった。

残りの前期始新世の奇蹄類を眺めてみると、その傾向がさらに際立つ。今日ではサイとバクとウマが互いにまったく似ていないにもかかわらず、ヒラキウスと呼ばれる最初期のサイの祖先は、初期のバクやウマとほとんど見わけがつかない。ブロントテリウム類と呼ばれる、サイに似た絶滅した哺乳類の初期のメンバーも、初期のサイやバクやウマに非常によく似ていた。言い換えれば、非常に多様な現生の奇蹄類は、現生の子孫とは似ても似つかない前期始新世の共通祖先にさかのぼることができるのだ。その後、進化的分岐によって、その子孫の系統（かつては姿が似ていた）が互いに分岐し、時間をかけて、簡単に見わけがつく状態にまでどんどん異なる姿に変わっていった。実際、中期始新世までにウマ、バク、サイ、ブロントテリウム類の系統ははっきり異なったものになり、どの種類も

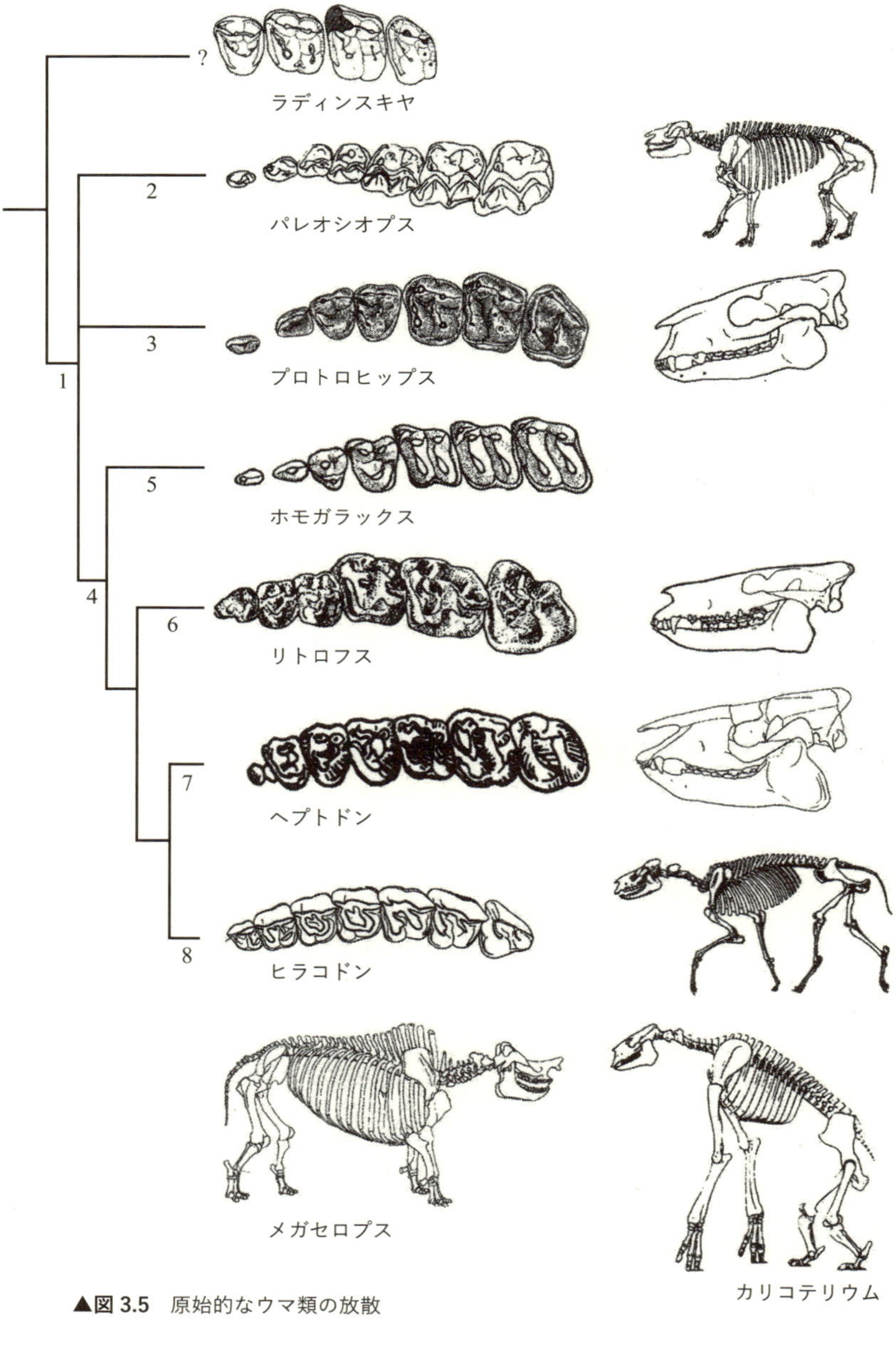

▲**図 3.5**　原始的なウマ類の放散

現生の子孫とは似ていないものの、幼い子どもであっても区別できる姿になった。

だが、ウマ類やそのほかの奇蹄類はどこからやって来たのだろうか。古生物学者たちは非常に長い間、祖先として、暁新世と前期始新世にありふれていた古代の有蹄哺乳類、フェナコドゥス科をあげていた。それらの歯は初期の奇蹄類の歯に非常によく似ていたし、頭骨や骨格には奇蹄類の共通祖先として特定するのに役立つ特徴がすべて備わっていた。

しかし、一九八九年にマルコム・マッケナと三人の中国人の共著者が、モンゴルの後期暁新世の地層（約五七〇〇万年前）から新しく発見された化石を記載した。初期の奇蹄類研究の第一人者で一九八六年に亡くなったレオナルド・ラディンスキーにちなみ、彼らはその化石をラディンスキヤと命名した（図3・5）。ラディンスキヤは非常に小さなウマに似ているが、最初のウマよりもさらに原始的だった。その化石の原始的な性質が障害となり、奇蹄類に分類するべきか、それとも奇蹄類の近縁の別のグループに割りふるべきか彼らにはわからなかった。それ以来、ほとんどの科学者の間では、北アメリカとヨーロッパで前期始新世に起こった奇蹄類の急速な進化は、奇蹄類がその場所にいたフェナコドゥス科から進化した結果ではないことをラディンスキヤが証明している、ということで意見が一致している。むしろ、奇蹄類は五五〇〇万年ほど前にアジアから北アメリカとヨーロッパに到着し、急速に多様化して、先住の古い有蹄の哺乳類（近縁のフェナコドゥス科を含む）の大半を駆逐し、中期始新世末までに絶滅に追いこんだのだった。

すばらしいウマ類の化石記録は、奇蹄類がもともと類似していたことや奇蹄類の分岐進化がアジアで始まったことを示すだけではなく、北アメリカでのウマ類の進化も示しており、ウマ類は更新世に西半球から姿を消したが、十五世紀の後半にただ家にもどっただけであることをも表しているのだ。

自分の目で確かめよう！

アメリカの多くの博物館にはウマの進化の展示があり、たいてい前期始新世のウマやサウスダコタ州のホワイトリバー・バッドランズで発見された漸新世のメソヒップス、中新世のいくつかのウマ、更新世のエクウスなどが含まれている。

ニューヨークにあるアメリカ自然史博物館、シカゴにあるフィールド自然史博物館、ゲインズビルにあるフロリダ自然史博物館、ワシントンD.C.にあるスミソニアン博物館群の一つの国立自然史博物館、ロサンゼルス自然史博物館などで見ることができる。

第4章 最大の陸生哺乳類・パラケラテリウム

巨大なサイ

バルチスタンの獣が巨大な生物であったことに我々全員が気づいていた。だが、その骨のサイズにはびっくり仰天してしまった。頭骨の前方と歯がいくつか出てきただけだった。グレンジャー博士にはそれで十分だった。彼は言った。「まちがいない。この獣は巨大な、角のないサイだ。科学で知られているほかのどの動物のようでもない」と。

――『過去の奇妙な動物のすべて（*All About Strange Beasts of the Past*）』
ロイ・チャップマン・アンドリュース

流砂だ!

一九二二年、アメリカ自然史博物館の館長であり、当時の科学界と社会の重鎮だった、かの有名な古生物学者ヘンリー・フェアフィールド・オズボーンは、最初期の人類の祖先の化石を探すためにモンゴルに探検隊を派遣した。人類はアジアで進化したとオズボーンは(まちがって)考えていたので、裕福な寄贈者や博物館の理事から資金を集めるためにこの宣伝文句を使った。探検隊は七五頭のラクダ(一頭あたり一八〇キログラムのガソリンかそのほかの補給品を運んだ)、三台のダッジ・ツーリングカー、二台のトラック、そして科学者と助手の一団からなる豪華なキャラバンだった。隊長は伝説的なロイ・チャップマン・アンドリュースが務めた。アンドリュースは勇敢な探検家であり冒険家で、インディアナ・ジョーンズのモデルだと言われている。オズボーンはアンドリュースにこう言った。「化石がそこにある。わたしにはわかっている。行って取ってこい」

探検隊は北京を出発し、万里の長城を過ぎて進んだ。そして、すばらしい白亜紀の恐竜の化石を発見して一躍有名になった。その中には世界ではじめて発見された恐竜の卵が集合した巣もあった。化石探しは大成功をおさめたものの、アジアに最古の人類がいた証拠を見つけることはできなかった。それはオズボーンがまちがっていたからだ(そしてダーウィンが正しかった)。人類はアフリカで進化したのだ。皮肉なことに、オズボーンとアンドリュースがアジアで初期の人類を発見するために、さらに資金を提供してほしいと裕福な寄贈者に頼みこんでいたちょうどそのころ、一九二四年に初となる真に古い化石人類〈アウストラロピテクス・アフリカヌス〈第6章〉〉が南アフリカで発見された。だがオズボーンは、当時のほとんどの科学者と同様に、ただの幼い類人猿の化石で時代も不明だとして取り合わなかった。

目を見張るような恐竜の化石に加えて、博物館の古生物学者のウォルター・グレンジャーと中国人の助手たちが、重要ですばらしい哺乳類の化石を多数発見した。アンドリュースは〈非常に差別的な帝国主義のタイトルの〉『中央アジアの新征服〈*The New Conquest of Central Asia*〉』という興味深い著書の中で、一九二五年の第三次遠征についてこう記している。

ロウでのじつに興味深い発見の功労者は、リュウ・シクという我々のキャラバンの中国人コレクターの一人だった。彼の鋭い目が、切り立った丘の中腹の赤い堆積物の中できらりと光る白い骨をとらえたのだ。彼は少し掘ってからグレンジャーに報告し、グレンジャーが発掘を終わらせた。バルキテリウムの足関節から下の部分と下腿《かたい》が直立した状態で見つかり、グレンジャーは驚いた。まるでもう一歩踏み出そうとしたときに、うっかり置き忘れたかのようだった〈図4・1〉。そのような状態で化石が見つかることはめったにないので、いったい全体なぜそのようなことになったのか彼は座って考えた。あり得る答えはたった一つしかない。流砂だ！

リュウが見つけたのは右の後肢だった。ということは、右の前肢が斜面のずっと下にあるにちがいない。彼はその足の方向に約九フィート（二七五センチメートル）測って掘りはじめた。案の定、そこには珪化木の幹のような巨大な骨が、またしても直立した状態で埋まっていた。反対側の二本の脚を探すのは難しいことではなかった。何が起こったのか明白だったのだから。四本の脚をすべて発掘してみると、それぞれが個別の穴に入っており、驚くべきものだった（図４・１）。

わたしはグレンジャーと丘の頂に腰かけ、悲劇が起こった遠い過去に思いをはせた。その言葉を読むことができる者にとっては、起こった出来事をその大きな骨がはっきり物語っている。おそらくその獣は水を飲みに来たのだが、水たまりは危険な流砂の上にあった。そして突然沈みはじめた。わずかに臀部が沈んでおり、脚の骨の位置からは、抜け出せない砂から必死に逃れようともがいたことがわかる。急速に沈んだにちがいなく、最後までもがいて、鼻や喉に堆積物がつまって窒息して死んだ。もし部分的に埋まって餓死したのであれば、体は脇に落ちたはずだ。直立した骨格全体をその墓場で発見できたら、世界があっと驚く標本になるにちがいない。

▲**図 4.1**　直立した状態で発見されたパラケラテリウムの脚の骨
流砂にはまり、抜け出せなくなって、そのまま死んでしまった

わたしはグレンジャーに言った。「ウォルター、脚だけしか見つからないってどういうことだい。なぜ残りを取り出さないんだ」

するとグレンジャーは答えた。「僕を責めてもしかたないよ。全部君のせいさ。三万五〇〇〇年前、あの丘が風化してなくなる前にここに連れて来てくれたなら、骨格をまるまる君にあげられたのになあ」。その通り、我々はたったそれだけの時間の差でチャンスを逃したのだ。墓場となった堆積物が浸食されるにつれて、少しずつ骨はすり減り、今では使い物にならない多くの破片となって谷底に散らばっているのだ。漸新世のあらゆる化石産出層から骨や破片が見つかっているのだから、漸新世のモンゴルには多数のバルキテリウム類がいたにちがいない。

アンドリュースの物語は生き生きした興味深いものではあるが、おそらく細部はまったく違っていた。現実の流砂は急速に犠牲者を引きずりこむ映画に出てくるようなものではなく、水が染みこんだごく普通の砂だ。圧力がかかると液化して、沈んでいく犠牲者の脚のまわりに流れこむ。だがほとんどが水にはちがいないので、人間も動物もプールに浮かぶときよりも深く沈むことはない。流砂から逃れるには平らに寝そべって（水に浮かんでいるかのように）、流砂の外にいる誰かが握っているロープや棒をつかみ、引っ張り出してもらう必要がある。

流砂にはまったその生物は、おそらく脚と腹までしか沈まなかった。その後、流砂が固まって、喉が渇いて死んだのだろう。体のほかの部分は流砂につかっていなかったはずだが、脚がはまって死にかけている動物や死んだ動物をねらう腐食生物の格好の餌食だったのだろう。

モンゴルの怪物

アンドリュースとグレンジャーが話し合っていたバルキテリウム類というこの生物は、角のない巨大なサイで、現在はパラケラテリウムと呼ばれている。いくつかの分離した歯が一九〇七年に発見されていたのだが、最初の良好な標本が発見されたのは一九一〇年で、イギリスの古生物学者クライブ・フォースター・クーパーがバルチスタン地方（現在はパキスタン）で見つけたものだった。だが、それは割れたいくつかの頭骨と顎と数個の骨でしかなかったため、その生物がいかに大きいかはまだ理解されていなかった。

そして、一九一三年に、フォースター・クーパーが自分のコレクションに含まれていた、より完全な頭骨にバルキテリウム・オスボルニという名前を与えた。その後数十年間はこの名前が一般的だった。その四年後にはロシアの古生物学者アレクセイ・アレクセイビッチ・ボリシアックがアラル海の北に位置するソビエト連邦のインドリク地方（カザフスタン北西部）にちなんで、別の骨格（既知でもっとも完全な骨格）をインドリコテリウムと命名した（図4・2）。

オズボーンが好んで普及に努めたバルキテリウムというよく知られた名前（彼がそれを広めようとしたのは、この属の種の一つに自分にちなんだ学名がついていたからだった）は、ずっと科学者たちに受け入れられていなかったにもかかわらず、この三つの名前が数十年間広く使用された。バルキテリウムは明らかにパラケラテリウムの別の標本であり、後で命名されたもの、つまり新参異名（ジュニア・シノニム）だった。一九八九年にスペンサー・ルーカスとジェイ・ソバスによって、これらの動物は非常にばらつきのある、たった一つの個体群であることが示された。したがって、ほかの二つの新しい名前に対して、もっとも古いパラケラテリウムという名前に優先権がある。

これらの化石を研究している多くの古生物学者の間では、一つ以上の属であることはまずなく、パラケラテリウムは一つの属で、せいぜい三種か四種ということで意見が一致している。このように大きな動物の場合、巨大な体を養うのに十分な食料を見つけるためには、非常に大きなホームレンジ（行動圏）が必要なのだ。生態学的な理由から、複数の属と種が、同じ地域で同時期に広大な場所を歩きまわっていた可能性はきわめて低い。

名前が何であろうとも、この驚きの獣は漸新世から前期中新世（約三三〇〇万～一八〇〇万年前）にかけてアジア中を広く歩きまわっていた。この生物の化石はモンゴルとパキスタンで見つかっているだけではなく、中国の数か所やカザフスタンでも発見されているし、最近ではトルコとブルガリア

▲**図 4.2**　唯一の比較的完全なパラケラテリウムの骨格
モスクワにあるオルロフ記念（ロシア科学アカデミー）古生物学博物館に展示されている

▲図 4.3　グラスファイバーを使ってつくられたパラケラテリウムの復元
最初はリンカーンにあるネブラスカ州立大学博物館に展示されていたが、現在はネブラスカ州スコッツブラフにあるリバーサイド・ディスカバリーセンターにある。現生のゾウ（右の後方）と比較するとその大きさがわかる。また、足元（右の後方）には、パラケラテリウムの祖先のヒラコドンの復元がある

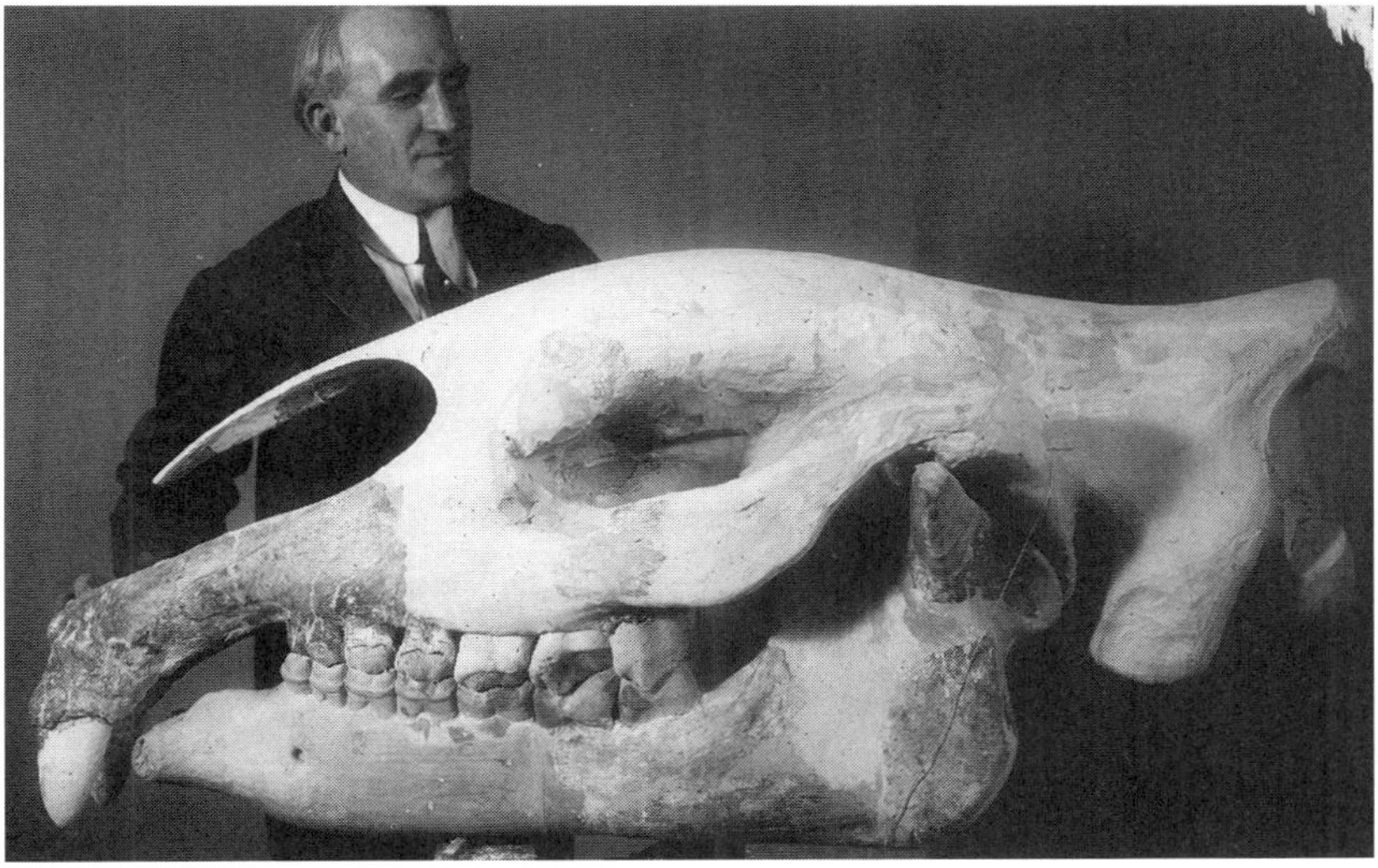

▲**図 4.4**　巨大なパラケラテリウムの頭骨
1922年にアメリカ自然史博物館が行ったモンゴルの探検で発見された

でも見つかっている。

パラケラテリウムは史上最大の陸生哺乳類だ（図4・3）。肩高は四・八メートル、体の長さは八メートルあり、体重はあらゆるゾウやマストドンよりも重かった。最初は三四トン以上と見積もられたが、より最近の計算方法では約二〇トンとされており、史上最大のゾウの類縁、デイノテリウム類よりわずかに重い。

頭骨は大きく、長さが二メートルを超え、鼻は短く（頭骨の深い鼻口から判断すると）、木の枝から葉をつかんでむしりとることができる唇を持ち、ざらざらする草ではなく、葉のみをむしゃむしゃ食べるのに適した比較的原始的な短冠歯が生えていた（図4・4）。

▲**図 4.5**　グレートデーンぐらいの大きさのサイ、ヒラコドン
パラケラテリウムの祖先

頭骨の頂上にはかつて角がついていた形跡が見あたらないので、角はなかったのだろう（ほとんどの絶滅したサイがそうである）。

ただサイを巨大化して、単純なサイの耳がついている復元が多いのだが、わたしは体重が大きくて体温を下げる機能が妨げられた可能性があることを指摘してきた。体を冷やすためには大きな放熱器（例えばゾウの耳のようなもの）が必要だったかもしれない。

どのゾウよりも大きいものの、パラケラテリウムは長い四肢と指を持つ、走ることに適応したサイのグループ（ヒラコドン類）から進化したため、手首と足首の骨が比較的長い（図4・5、図4・3参照）。

サイズが大きく体が重いにもかかわらず、竜脚類恐竜やゾウ類に典型的な脚の比率（足の指の骨が非常に短く、そこに重い体重がかかり、ほとんど押しつぶされて平らになっている）にはならなかった。手短に言えば、パラケラテリウムは梢の葉を食べるキリンの生態的地位を占めようとしたサイで、そのためにキリンのように四肢や首だけをのばすのではなく、すべてを巨大化したのだった。

サイのルーツ

パラケラテリウムは新生代に起こったサイ類の大進化の一部である。最古のサイは下部始新統（約五二〇〇万年前）から発見されており、最初期のバク類やウマ類に非常によく似ていた（図3・5参照）。しかし、サイ類は中期始新世の後期（四〇〇〇万年前）までに三つの科に分岐した。アミノドン科という絶滅したグループの多くは、カバのように半水生に適応し、カバに似た大きな頭骨と顎を持ち、四肢が短く太っていた。

絶滅した二番目の科はヒラコドン科で、「走るサイ」として知られる。この科に属する動物は後期始新世の北アメリカやアジアでよく見られた。もっともよく知られているのはホワイトリバー・バッドランズのヒラコドン・ネブラスケンシスだ（図4・5）。グレートデーン程度の大きさだったが、細長い四肢と手骨と足骨を持っていた。それらの骨は、後にも先にも、もっとも速く走れるサイだったことを示している。ヒラコドン類はアジアで繁栄しつづけ、より大きくなり、より進化していった。また、中国のユクシアはこれよりも少し大きく、大型のウマ程度のサイズで、ウマのように長い首と長い脚を備えていた。これらのサイは、ゾウの大きさのウルティノテリウム、そしてパラケラテリウムで頂点に達した。

三番目がサイ科で、アフリカとアジアの現生のサイを含む。かつては数十の属と種があり、ユーラシアと北アメリカで急速に進化した（そして最後にアフリカに到着した）。北アメリカのサイ類は中新世末（約五〇〇万年前）に絶滅したが、ユーラシアでは、約二万年前の最後の氷河期の末にほとんどが絶滅するまで生きつづけた。今日では、四属五種がいるだけだ。アフリカのサイが二種、インドサイ、そしてほとんど絶滅しているジャワサイとスマトラサイである。伝統的な漢方に使用される角を目あてにした密猟が横行しているため、五種すべてが絶滅の危機にある（だが、サイの角は毛が密にくっついてできているので薬効はまったくない。サイの角の組成は人間の髪の毛や爪とほぼ同じである）。密猟があまりにも激しいため、力のかぎりをつくしてきた保護の取り組みもむなしく、野生のサイはあと数年で絶滅するだろう。サイの角の粉は、金やコカインよりもグラムあたりの単価が高いのだ。

怪物サイの生態

パラケラテリウムはゾウよりも少し大きい動物だったことから、ゾウと類似なものと考えて、その生態について多くを推察することができる。巨体を維持するのに十分な食料を見つけるために、小さな群れとなって広大な土地を歩きまわり、葉を食べて木の梢を丸裸にしていた可能性が高い。ゾウの研究と生体力学的制約にもとづけば、彼らの歩みは遅く、毎時約三〇キロメートルよりも速く動くことはなく、たいていは時速一〇～一九キロメートルで移動した。長い脚を使って、のんびりしたペースであっても広い土地をカバーした。背の高さや体の大きさからは脈拍が遅かったと考えられる（ゾウの鼓動は一分間にたった三〇回である）。また、大きな体からは寿命が長かったことも予想され、現生のゾウ並みの寿命（五〇～七〇年というのが典型的）だったとみられる。

個体数はかなり少なく、雌は二年に一回くらいの頻度で子どもを産んだのだろう。子どもが成獣になるまでに一〇年くらいかかったかもしれない。おそらく暑い日中のほとんどの時間は木陰で過ごすか、水たまりで水浴びをして体温を調節し、夕方や夜間、早朝の涼しい時間になると、ほぼ休まずに食べつづけた。現生のウマやサイやゾウのように、後腸《こうちょう》での食物の発酵が比較的非効率だった。より効率のよいウシ、ヒツジ、ヤギ、アンテロープ、キリン、シカなどのように四つの部屋に分かれた反芻胃《はんすう》を持っていなかった。その結果、ウマやゾウと同様に、毎日莫大な量の葉を食べていたが、反芻動物に比べるとほんのわずかしか消化できなかった。

体のサイズが大きいためにいくつか問題（特に熱の管理）があったものの、利点もあった。現生のゾウのように、成獣は捕食者におびえる必要がなかったはずだ。攻撃されてもびくともしないくらい大きかったのだ。アジアの漸新世の地層で発見されているほとんどの捕食者はオオカミよりも小さいため、パラケラテリウムの成獣に立ち向かえるものはいなかった。しかし、幼獣は攻撃されやすかった。ゾウと同じで、おそらくパラケラテリウムも、雌の家長が率いる姉妹、娘、姪からなる雌中心の小さな群れで暮らしていた。捕食者の標的にならないくらいの大きさに成長するまで、みんなで子どもたちを守っていた。

大地を謳歌する巨大な生き物

漸新世のモンゴルと中国には、いろいろな意味で非常に特殊な生態系が築かれていた。パラケラテリウムの化石を産出する地域のほとんどで、齧歯《げっし》類やウサギが多数派を占めていたため、中型の草食動物の食料は乏しいが、小型の穴居性動物の食料は豊富にある環境だったとみられる。おもに不毛の半砂漠だったようで、草が生えている広い場所が少なく、草を食べて生きる哺乳類が非常に少なかった。草を食べるかわりに巨大なパラケラテリウムは梢を食み、ほんの少数の中型のアンテロープに似た種だけが低木を食べていた（今日のサバンナ、つまり草原の環境には、小さな草食動物が非常に豊富に生息しているのとは対照的だ）。捕食者は比較的小さく、成獣のパラケラテリウムにはかなわなかったので、パラケラテリウムの死骸でもほかの動物の死骸でも、見つけしだいあさっていたにちがいない。

パラケラテリウムがなぜ絶滅したのかについてはさまざまな説があるが、二つの出来事が関与していた可能性が高い。漸新世の大半と前期中新世には生息地に敵がいなかった。大型の捕食者もライバルとなる大型の草食動物もいなかったからだ。しかし、およそ二〇〇〇万～一九〇〇〇万年前に、最初のマストドンが故郷のアフリカを離れてユーラシアに広まった。そして、ほぼすぐに北アメリカにも到達した。現生のゾウ類（と先史時代の類縁）が、パラケラテリウムの生息環境に重大な影響をもたらした。今日のアフリカのサバンナでは、ゾウが木をなぎ倒して、密生した森林を切り開き、多種多様な植生が育つことに寄与している。彼らがいなければ、木々は妨げられずに成長するだろう。マストドンがユーラシアに到着したことによって、森の成長が妨害され、パラケラテリウムが必要とする成熟した森林の多くが破壊された可能性が高い。

それに加えて、マストドンの捕食者も獲物についてユーラシアに渡ってきた。クマ程度の大きさのアンフィキオン類〈ベアドック〈クマ犬〉として知られるが、クマとも犬とも関係のない絶滅した科〉や、巨大なヒアエナイロウロスなどがいた。そのような大きな捕食者は大型のマストドンを倒すことができたのだから、長らく大型の捕食者を知らなかったパラケラテリウムがかなう相手ではなかっただろう。原因がなんであれ、マストドンとその捕食者がユーラシアに到着したすぐ後に、パラケラテリウムは姿を消した。

メディアの中のインドリコテリウム類

史上最大の陸生哺乳類として、パラケラテリウムはさまざまなメディアでよく取り上げられている。BBCが制作した「ウォーキング with ビースト」では、東アジアの漸新世に焦点を当てた放映分で、一本まるまるパラケラテリウムが特集された。その習性がどのようなものだったのかアニメーターたちは非常にうまく推察した。だが、骨が見つかっているだけなので、彼らの生態の基本的な制約はゾウに類似したものと考えて得られた知識でしかない。実際にどのような色をしていたのか、どのような鳴き声だったのか、どのように行動したのかなどの詳細がわかる証拠はない。

さらに、巨塔のようなこの獣のゆっくりと着実な動きは、別の影響も与えたようだ。映画「スター・ウォーズ」シリーズの第二作目である「スター・ウォーズ エピソード5／帝国の逆襲」で、多くのセットや小道具のデザインを担当した特殊効果の巨匠のフィル・ティペットは、氷の惑星ホスで反乱軍を攻撃する、高くそびえ立つＡＴ―ＡＴの模型をつくる際にパラケラテリウムからヒントを得たらしい。

自分の目で確かめよう！

パラケラテリウムのほぼ完全な骨格は、モスクワにあるオルロフ記念（ロシア科学アカデミー）古生物学博物館と中国のいくつかの大きな博物館に展示されている。パラケラテリウムの最良の頭骨はニューヨークのアメリカ自然史博物館にある。また、ロンドン自然史博物館やケンブリッジ大学のセジウィック地球科学博物館にも別の化石が展示されている。

長い間、リンカーンにあるネブラスカ州立大学博物館にはファイバーグラスを使ってつくられたパラケラテリウムの復元が展示されていたが（図4・3参照）、現在はネブラスカ州スコッツブラフにあるリバーサイド・ディスカバリーセンターが新しい家になっている。

第5章 最古の人類の化石・サヘラントロプス

類人猿の生き写し？

次に動物園に行ったら、必ず類人猿のケージを見てほしい。その類人猿の毛がほとんどなくなったところを想像しよう。そして、近くのケージには不運な人間が入れられており、服を着ていないし、話もできないが、それ以外は普通だとする。では、遺伝子において類人猿とわたしたちがいかに似ているか推測してみよう。例えば、チンパンジーとヒトが共有する遺伝的なプログラムは一〇パーセント、五〇パーセント、九九パーセントのうちのどれなのか、あなたには当てられるだろうか。

——『若い読者のための第三のチンパンジー』ジャレド・ダイアモンド

類人猿の生き写し？

人類の進化と動物界のかかわりはいつも議論を呼び、人を感情的にさせる。今日でも無視できない数のアメリカ人が、人類がそれ以外の動物界と関係しているという考えや、人間もただの動物種にすぎないという考えを宗教上の理由から否定している――この事実は世界中のほぼすべての先進国では争点ではないにもかかわらず。しかし、調査によれば、アメリカ人の高い割合が植物やほかの動物の進化を受け入れていることが示されている。だが、人類の進化となれば話は別なのだ。

皮肉なことに、多くの研究や関心が集中してきたため、人類の進化は進化全体の中でもっとも裏づけられている例の一つである。人類学には、わたしたちに近い類縁の化石記録の研究に専念する分野があるほどだ〈自然人類学〈形質人類学〉と化石人類学〈古人類学〉〉。世界中で数千人の科学者が、ずらりと並んだ研究課題に取り組んでいる――恐竜の研究やほかのどの先史時代の生物の研究よりもはるかに多い。世界中の博物館にはヒト族（ホミニン）の化石（ヒト亜科のメンバー）の標本が文字通り数十万点保管されている。標本の数は圧倒されるほど膨大で、進化の詳細が驚くほど豊富なので、もし地球上の別の種について話しているのであれば、確実な進化の実例と見なされるだろうし、ほかのどの動物の科よりもよく証明されている。しかし、あまりにも多くの人が非科学的に反発しているため、人類の進化は不当に調べ上げられ、ゆがめられ、徹底的に否定されている。もし、ほかのどの問題であっても、これと同じ量の圧倒的な証拠があれば、反論の余地はないのだが。

しかし、仮にこのすばらしい化石記録がなかったとしても、抵抗しがたい証拠がある。ただ鏡を見さえすればいいのだ。一七三五年という早い時期に、現代の分類をつくったカール・フォン・リンネは、人類にホモ・サピエンス（考える人の意）という学名を与え、わたしたちの種をギリシャ語のフレーズ「汝自身を知れ」と見立てた。一七六六年には、ジョルジュ＝ルイ・ルクレール・ド・ビュフォンが『博物誌』の第一四巻で、類人猿は「ただの動物だが、非常に特異な動物で、人は自分自身をかえりみずにその動物を見ることはできない」と述べた。ジョルジュ・キュヴィエやエティエンヌ・ジョフロワ・サンティレールなどのフランスの別の博物学者たちは、類人猿とヒトが解剖学的に非常に類似していることを述べはしたが、実際にヒトが類人猿の一種だと言おうとはしなかった。

フランスの先駆的な生物学者ジャン＝バティスト・ラマルクは、一八〇九年の『動物哲学』で以下のようにはっきりと論じている。

たしかに類人猿の種族、とりわけ完全な種族が、環境の要請、またはそのほかの原因によって、木に登って足で枝をつかむ習性を失ったら……そして、もしその種族のそれぞれの個体が、世代を重ねるなかで、足を歩行にだけ使うように強いられ、手を足として使うことをやめたとしたら、まちがいなく……それらの類人猿は手を二本持つ生物に変化し……彼らの足は歩行以外の目的に使われることはなくなるだろう。

チャールズ・ダーウィンが一八五九年に『種の起源』を出版したとき、この問題は明らかに重大なものだった。彼の本はすでに物議を醸すものだったので、ダーウィンはできるだけ人類の進化の問題をさらりと扱おうとした。『種の起源』の中ではたった一行しかふれられていない。「人類の起源、そして人類の歴史の上にも光が投げかけられるだろう」。当時、ダーウィンはそれ以上語ろうとはしなかったものの、彼の支持者のトマス・ヘンリー・ハクスリーがかわりに矢面に立って、一八六三年に『自然界における人間の位置についての証拠（*Evidence as to Man's Place in Nature*）』を発表した。その中で彼は、類人猿とヒトのあらゆる骨と筋肉と臓器の形態の類似性を詳しく説明して図解した（図5・1）。ついに、ダーウィンは一八七一年の『人間の由来』の中で自身の見解を発表したのだが、おもに性淘汰などのテーマに集中し、化石については言及しさえしなかった。当時、ヒトの進化の証拠となる化石はまだ存在していなかった（ネアンデルタール人の化石はあったが、まちがって解釈されていた）。

時を九〇年進めよう。ダーウィンや一九六〇年代以前の生物学者の知らないところで、別のデータ

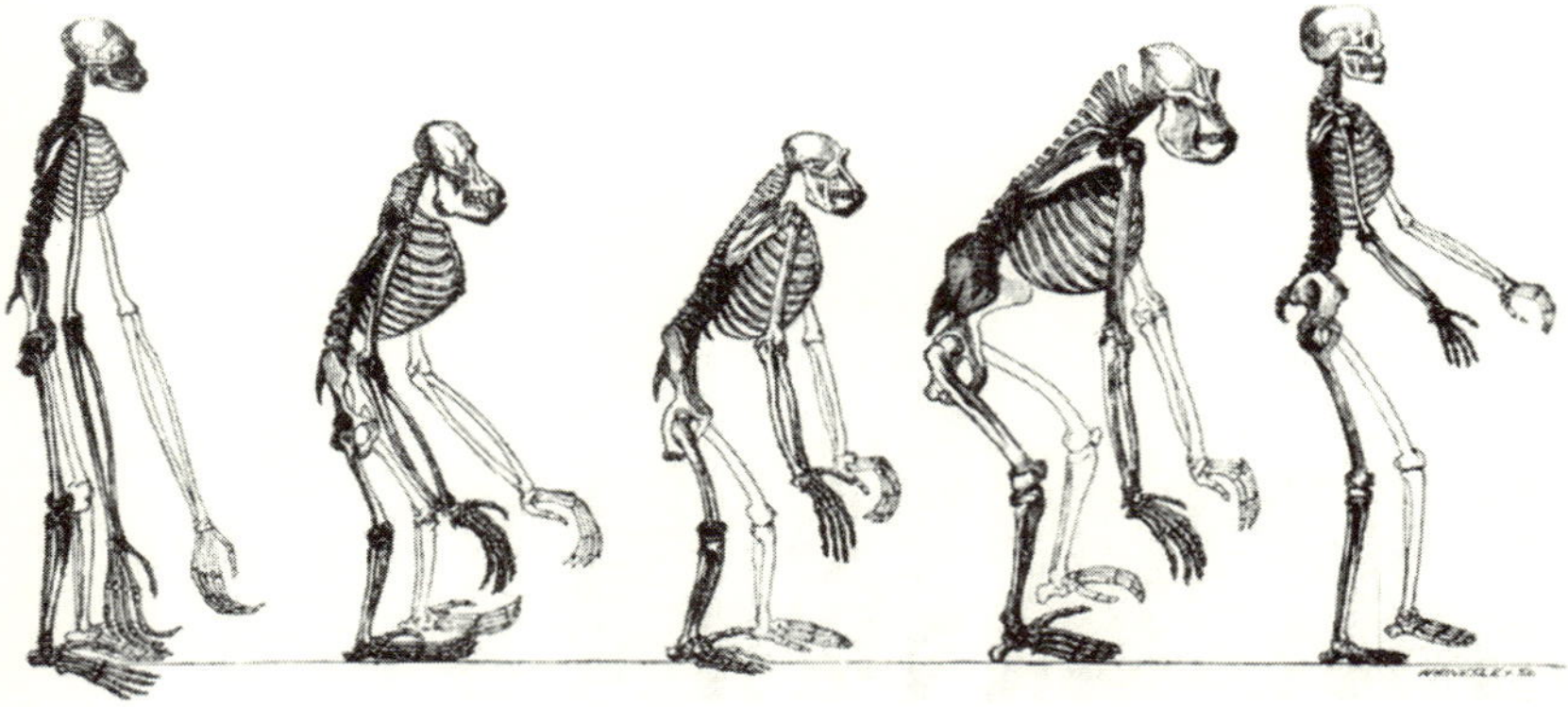

▲**図 5.1**　自然史画家のベンジャミン・ウォーターハウス・ホーキンズによる図
類人猿とヒトの骨格が骨の１本１本まで非常によく似ていることが示されている

がわたしたちと類人猿とそのほかの動物界との関係性を明らかに示していた——ＤＮＡだ。最初期の分子分析のいくつかで、ヒトのＤＮＡとチンパンジーおよびゴリラのＤＮＡが非常に似ていることが示された。抗ヒト血清と類人猿の血清を同じ溶液に入れると、抗ヒト血清とほかの動物の血清よりも免疫反応が非常に強く、ヒトと類人猿の免疫遺伝子がもっともよく似ていることが示唆された。

一九六〇年代後半には、ＤＮＡ—ＤＮＡ分子交雑法と呼ばれる手法が発達した。類人猿とヒトのＤＮＡの溶液を、二つの二重らせんの鎖がほどけるまで加熱する。次にこの混合物を冷却すると、それぞれの鎖が近くの鎖と結合し、ヒトの鎖と類人猿の鎖を持つＤＮＡがいくつかできる（類人猿のＤＮＡの鎖のいくつかは類人猿の鎖と結合するし、ヒトのＤＮＡの鎖のいくつかもヒトの鎖と結合するが、もっとも重要なのはハイブリッドのＤＮＡの二重らせんだ）。ハイブリッドのＤＮＡの溶液を再度加熱する際に、ハイブリッドの鎖の結合が強固であればあるほど（強固さは二つがどのくらい似ているかを表している）、結合を切り離すために高い温度が必要になる。チンパンジー、ゴリラ、そのほかの類人猿、モンキー、キツネザル、そして霊長類ではない動物のＤＮＡとこれを行えば、それぞれがヒトとどのくらい似ているのか大まかに測ることができる――またしても、チンパンジーのＤＮＡはヒトのＤＮＡと実質的には同一だった。

そして、過去二〇年の間に、ポリメラーゼ連鎖反応（ＰＣＲ法）などの技術的飛躍によって、ヒトのＤＮＡの配列だけではなく、ほかの多くの動物や植物のＤＮＡの配列も直接決定することが可能になった。ヒトのゲノムの配列は二〇〇一年に決定され、チンパンジーのゲノムの配列は二〇〇五年に決定された。それらを比較すると、ＤＮＡ―ＤＮＡ分子交雑法とまったく同じ結果が得られた。ヒトとチンパンジーはＤＮＡの九八～九九パーセントを共有しているのだ。チンパンジーやゴリラとの違いを生んでいるのは、わたしたちのＤＮＡの一～二パーセント以下なのだ。

なぜなら、わたしたちのＤＮＡの約六〇～八〇パーセントは「ゴミ」であり、読まれることも使われることもないのだが、世代から世代へと受動的に受け継がれている。このゴミのいくつかは内在性レトロウイルス（ＥＲＶ）で、遠い先祖が感染したときに遺伝子に組みこまれたウイルスのＤＮＡの痕跡であり、もう何の情報も持たないのにいまだに受け継がれている。また、それよりも少ない割合で構造遺伝子があり、わたしたちの体のすべてのタンパク質と構造の情報を持つもので、もう使われていない遺伝子も含まれている。そして、わたしたちをチンパンジーとは異なるものにしている一〜二パーセントのＤＮＡは制御遺伝子（調節遺伝子）で、いつ発現するのかしないのかをほかのすべてのゲノムに知らせる「オンとオフのスイッチ」の役割を果たしている。遺伝子がほとんど同一なのにヒトと類人猿が非常に異なって見える原因はこうした遺伝子にある。

例えば、すべての類人猿とヒトには長い尾の構造遺伝子があるが、制御遺伝子が機能しないめずらしい場合をのぞいて、それらが発現することはない。だが、そのようなエラーが起こると、ヒトには長い骨質の尾が生える。また、鳥類は現生の鳥類に見られる融合した短い尾骨ではなく、彼らの先祖のラプトルから受け継いだ長い骨質の恐竜の尾の遺伝子を持つ。時々、制御遺伝子が機能せず、恐竜の尾を持って卵からかえることがある。同じように、現生鳥類の嘴《くちばし》には歯はなく、彼らの祖先の恐竜の歯はもう生えていないが（『8つの化石・進化の謎を解く』第7章）、歯をつくる遺伝子はまだある。実験でネズミの口の上皮組織をニワトリの胚に移植すると、歯が生えた鳥ができる。だがなんと、ネズミの歯が生えてくるのではなく、恐竜の歯が生えるのだ。つまり、すべての動物はＤＮＡの中に、もう発現しない古代の遺伝子をたくさん持っており、原始的な特徴を復活させるには、遺伝子の調節を少し変えるだけでいい。

二種のチンパンジー（チンパンジーと、以前はピグミーチンパンジーと呼ばれていたボノボ）とヒ

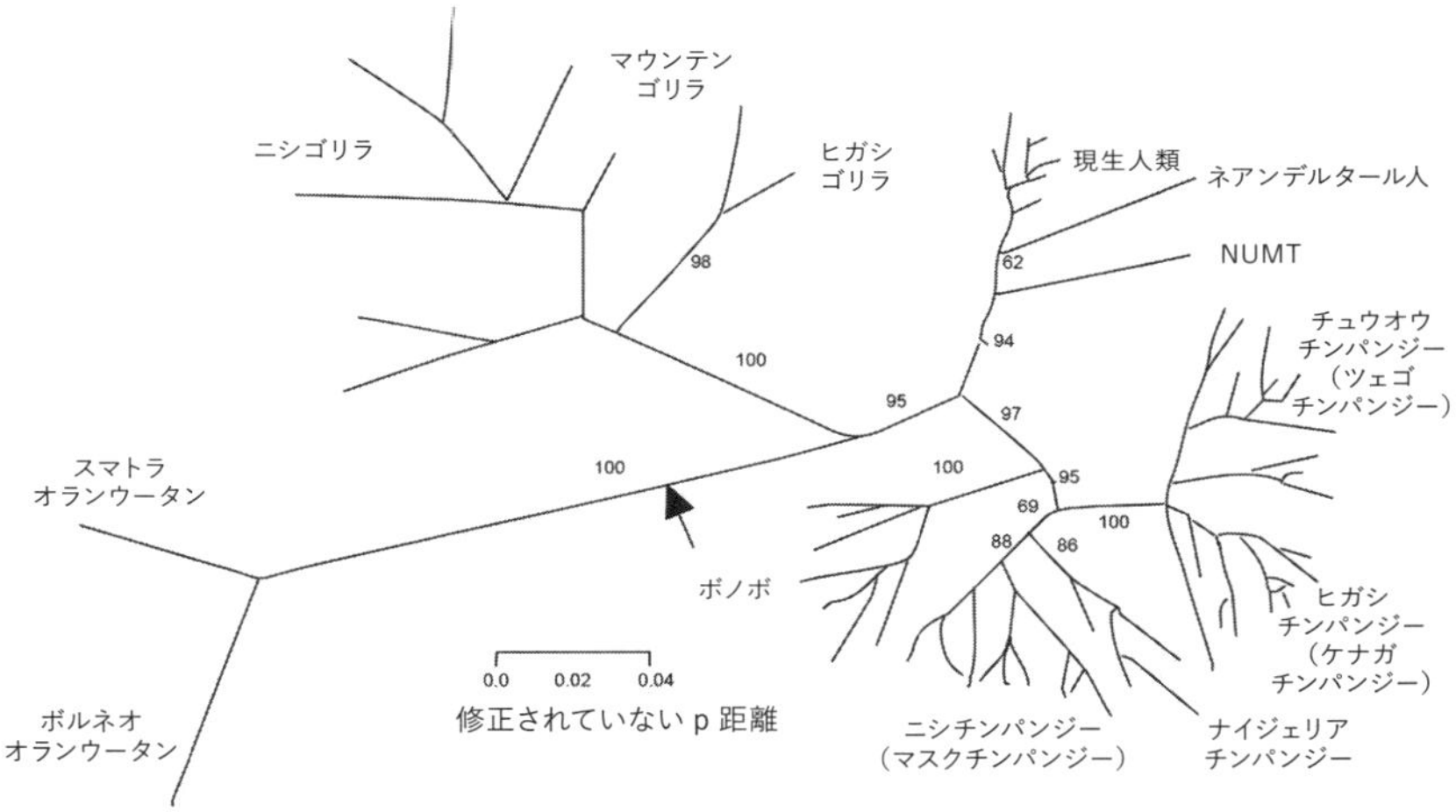

▲図 5.2 類人猿とヒトの分子系統樹
ミトコンドリアDNAにもとづく、互いの遺伝距離が示されている。すべての「人種」は、ゴリラやチンパンジーの2つの集団が互いに似ているよりもはるかに似ている

トの遺伝子の極端な類似性は、わたしたちが彼らに近いことを示す説得力のある証拠である。一部の人々の直感的反応や宗教観とはうらはらに、人類はたしかに類人猿の生き写しなのだ。進化生物学者のジャレド・ダイアモンドは次のように説明している。

　異世界から生物学者が地球にやって来て、入手できた生体試料はＤＮＡだけだったと想像してほしい。彼らはたくさんの動物の配列を決定したが、その中にヒトと二種類のチンパンジーも含まれていた。そのデータだけにもとづけば、ヒトは単にチンパンジーの第三の種と断定されるだろう。わたしたちのＤＮＡとほかの二種のチンパンジーのＤＮＡは、二種のカエルのＤＮＡ同士よりも類似しているし、ライオンのＤＮＡとトラのＤＮＡよりも類似性が高い。それどころか、ヒトのすべての「人種」のＤＮＡの差異は、なんとアフリカのさまざまな地域に生息しているチンパンジーの異なる集団間に見られるＤＮＡの差異よりも小さいのだ（図５・２）。このことから二つのことが言えるだろう。第一に「人種」間の遺伝子の差異はごく小さく、取るに足らないものであり、多くの人が考えているよりもはるかに重要ではない。第二に、チンパンジーとヒトの姿の大きな差は制御遺伝子の小さな変化によるもので、それが非常に大きな結果をもたらしている。

一件落着。ヒトは少しだけ変化した類人猿なのだ。遺伝子の証拠も、そして解剖学的な証拠も、抵抗しようのないものである。あなたの体の細胞の中にあるＤＮＡは、あなたがチンパンジーの類縁である証なのだ——この事実が一部の人々をいかに不快にし憤慨させようとも。類人猿からヒトへの移行を示す化石人類が一つも存在しなくてもそれは明らかである。だが、ヒトと類人猿はどのくらい前に分岐したのだろうか。

化石が刻む時

類人猿とヒトの系統がいつ分かれたのかという問題に対して、科学者は二つの方法で取り組んできた。一つ目の方法は、人間に似たものから類人猿に似たものに徐々に変わっている化石を見つけることだ。この戦略は常に試され、探査が続けられてきたのだが、成功するかどうかは運まかせで、正しい年代の正しい岩石が見つかって、その中に原始的なヒト族の化石が保存されていることを願うしかない。ヒトの骨はめったに化石にならない傾向にあるため、ほかの哺乳類、例えばブタやアンテロープやマストドンの標本が何百点もあるのに対して、ヒトの化石が含まれている可能性がある地層であっても、ヒト族の歯や顎の骨のかけらはせいぜい数個ある程度だろう。それでもなお、第6章で見るように、古人類学者は見つけにくいヒト族の化石を探して何十年間も野外で活動してきた。重要な発見ができれば研究者として身を立てることができ、名声を得られるからだ。

ヒト族の化石が見つかったら、次に必要なのは信頼できる年代を得ることだ。ヒト族の化石の多くは、洞窟の中や有用な年代を教えてくれるものが何もない場所から発見されている。もし標本が約六万年前よりも新しいのであれば（最後の氷河期から完新世）、化石の中の有機物質を使って放射性炭素年代測定（^{14}C年代測定）で直接年代を測定することができる。この方法は、考古学で人工遺物の年代を測定したり（そのほとんどは六万年前よりも新しい）、古生物学で最後の氷河期の化石の年代を測定したりするのに広く使われている。例えば、ロサンゼルスのラ・ブレア・タールピットで発見される化石は、およそ三万七〇〇〇年前よりも新しいので、この方法で繰り返し測定されている。

しかし、それよりも古い化石の年代測定ははるかに複雑だ。放射性炭素年代測定は六万年前よりも古い試料には使えない（今日の最高の実験施設では、八万年前まで測定の幅を広げられることもあるのだが）。古い化石に用いる最良の方法はカリウム―アルゴン法（K―Ar法）である（またはその新しいバージョンのアルゴン―アルゴン法〈^{40}Ar–^{39}Ar法〉）。この手法では、標本の試料を直接分析したり、発見された堆積層を分析したりして、化石の年代を直接測定することはできない。そのかわりに溶岩流または火山灰、つまり火山で冷却されて形成された結晶の年代を測定する。火山性の結晶が冷えるとき、不安定な親核種のカリウム四〇が格子の中に閉じこめられる。その後、結晶が古くなると、不安定なカリウム原子が自然崩壊し、娘核種のアルゴン四〇になる。崩壊速度は非常によくわかっているので、親核種と娘核種の比率を測定すれば、結晶の年代を計算することができるのだ。

　どの科学的手法もそうだが、避けなければならない欠点や落とし穴がある。カリウム―アルゴン法は結晶が冷却して親核種が閉じこめられてからの時間を測るものなので、溶融状態から冷却された岩石、つまり火成岩（例えば花崗岩や火山岩）にだけ有効である。まともな地質学者に聞けば、砂岩やほかのあらゆる堆積岩に含まれている結晶を直接測定することはできないと答えるだろう。それらの結晶は、より古い岩石からリサイクルされたものなので、堆積岩の年代とは関係がないのだ。だが地質学者ははるか昔にこの問題を巧みに回避する方法を編み出した。化石を含む地層の間に年代測定が可能な溶岩流や火山灰が入っている場所や、堆積岩を横切るようにマグマが貫入していて年代が特定できる場所［訳注：堆積岩ができた後にマグマが貫入したはずなので、堆積岩の年代は貫入したものから得られる年代よりも古い」を世界中で数百か所探し出したのだ。そのような環境を利用して導き出された数値年代は非常に精度がよく、数百万年前に起こった出来事の多くの年代が一〇万の位までわかっている。

もし結晶構造から何らかの理由で親核種か娘核種が漏れ出たり、格子に原子が入りこんで結晶が汚染されると、親核種と娘核種の比率が乱され、得られた年代は無意味なものになってしまう。しかし、地質学者は常にこの問題に目を光らせており、その年代が信頼できるものかどうか決定するために何十もの試料を分析し、ほかの年代測定とも照らし合わせている。最新の手法や装置は非常に精度が高いため、ほぼどのような年代においても熟練の地質学者ならエラーを見抜くことができ、高い基準を満たさない年代をすぐにはじくことができる。

これらの手法を使ってアフリカで発見されたほとんどの化石の年代が非常に正確に測定されており、それらが過去五〇〇万年以上にわたることが立証されている。人類学者は、風化していない適切な鉱物の結晶（主としてカリ長石だが、白雲母や黒雲母などの雲母でもよい）を多く含む新鮮な火山灰層を見つけるために、しばしば地質年代学者と共同で研究を行ってきた。これまでにいくつかの誤りがあったものの、概してほとんどのヒト族の化石の年代の枠組みはよく確立されている。さらに、もしある地域に火山灰の層が存在しない場合には、時間とともに変化する化石群の差異を使えば、その産地のおおまかな年代を得ることができる。火山灰から年代が得られているどこか別の場所にも同じ化石群が現れているからだ。

では、化石記録はどうなっているのだろうか。物語はパキスタンのシワリク丘陵で発見された重要な化石から始まる。この驚くべき地層群は漸新世の大半から中新世、そして鮮新世にまたがっており、信じられないくらい豊富に化石が含まれている。これらの岩石は、ヒマラヤが空に向かってゆっくり高くそびえるにしたがって、南アジア中に流れた膨大な量の河川堆積物を表しており、浸食されてシワリクが形成された。当時はイギリスの植民地だった南アジア全体で、イギリスの地質学者ガイ・ピルグリムが先駆的な調査を行った一九〇二年以降、古生物学者や地質学者がこの地域を研究してきた。

シワリク丘陵からは過去一〇〇年間で膨大な量の化石哺乳類が見つかっており、中新世の南アジアで起こった進化が非常に細かい部分までわかっている。インドとパキスタンの関係が緊迫し、両国へのアメリカの政策のおかげで、パキスタンはアメリカに対し、購入したすべての軍用装備品の代金として、数百万ドルの借金をつくった。その結果、一九七〇年代から九〇年代にかけて、アメリカの学者はパキスタンに行って重要な研究を行うための助成金をたくさん得ることができた（特にフルブライト基金から）。多くの古生物学者がこのフルブライトのチャンスにのったため、シワリク丘陵や近隣地区の化石や地質に関する研究が山のように行われた。火山灰が豊富にあり、磁気層序と呼ばれる手法のおかげで、シワリクの化石はきわめてよく年代が決定されている。もちろん、今日では、政情があまりにも不安定なため、そこを訪れるアメリカ人は少なく、アメリカとは何の関係もないほかの国々の研究者までもが、多くの地域でアルカイダやタリバンを支持する部族に脅かされている。

一九三二年、スミソニアン協会の古生物学者G・エドワード・ルイスが、ネパールのシワリクのティナウ川の渓谷を調査している際に、原始的なヒト族に非常によく似た顎の骨を発見した。その顎には比較的小さな犬歯があり、類人猿の顎のように、平らな下顎に巨大な犬歯がついていて、後ろの部分が平行なU字型の顎ではなく、上から見ると幅の広い半円形だった（ヒトの顎に典型的な形だ）。一九六〇年代には、ハーバード大学の人類学者デイビッド・ピルビームや、イェール大学から後にデューク大学に移った霊長類学者のエルウィン・サイモンズなどが、ルイスによってラマピテクスと命名されたこの顎が、発見されている中で最古のヒト族の化石だとする説を擁護した（ラーマはヒンドゥー教の神の一人で、ピテクスはギリシャ語で「類人猿」を意味する。同じように、ヒンドゥー教の神のシヴァやブラフマーから命名された霊長類もいる）。

いくつかの標本は年代がよく測定されているシワリクの地層群の中で一四〇〇万年前にさかのぼるものであることから、類人猿とヒト族の分岐は少なくとも一四〇〇万年前だったということになった。一九六〇年代と七〇年代を通して、人類学、霊長類の進化、そしてヒトの古生物学を学ぶ学生は誰しもラマピテクスが「最初のヒト族」であると教わった。

分子時計が語る進化

放射性炭素年代測定やカリウム―アルゴン法以外にも、二つの動物グループが分岐した年代を測定する方法がある。それは分子時計だ。早くも一九六二年には、伝説的な分子生物学者のライナス・ポーリング（ノーベル賞を二度受賞）とエミール・ズッカーカンドルが、生物の進化的関係を表す系統樹を描くために分子的な方法を使用した。はじめてわたしたちの細胞とＤＮＡから進化の証拠が姿を現したのだ。そして、ヘモグロビン分子のアミノ酸の配列を比べると、アミノ酸が異なっている箇所の数が研究で扱った動物の分岐順序と合うだけではなく、変化の個数が、それらの生物が互いに分岐して経過した時間に比例することに二人は気づいた。その一年後、分子生物学の草分けの一人、エマニュエル・マルゴリアシュはこう述べた。

どの二つの種を取っても、シトクロムｃの残基の差の数は、その二つの種につながる進化の系統が分岐してから経過した時間によっておもに決定されているようである。もしこれが正しければ、すべての哺乳類のシトクロムｃは、すべての鳥類のシトクロムｃと等しく異なっているはずだ。魚類は鳥類と哺乳類のどちらよりも早くに脊椎動物の進化の主幹から分岐したため、鳥類のシトクロムｃと哺乳類のシトクロムｃは、どちらも魚類のシトクロムｃと等しく異なっているべきである。同様に、すべての脊椎動物のシトクロムｃは、酵母のタンパク質とは等しく異なっているはずである。

これらのデータはすべて、異なる動物のグループが分岐していくにしたがって、時間とともに分子の変化が蓄積することを示しており、分子の変化率が系統の分岐した年月に比例することを示している。

一方、動物のＤＮＡのほとんどが「ガラクタ」もしくは少なくとも機能していないという証拠が見つかりはじめた。つまり、多くのゲノムは遺伝子が発現するときに読まれることがないため、自然選択の目にとまらず、適応的に中立である。特に、日本の生化学者、木村資生《もとお》の先駆的な研究によって、ＤＮＡのほとんどの分子は、その生物に起こる出来事に影響されないことが証明された。こうした適応的に「目に見えない」分子はのびのびと変異することができ、淘汰されたり、ある形がほかの形よりも好まれたりするといった選択が起こらない。時間の経過とともに、こうした変異は一定の速度で蓄積しつづけ、時計のようにチクタクと時を刻む。これらの変化が自然選択から「見え」ないかぎり、「分子時計」は地質学的過去における二つの系統の分岐時期を推定するよい方法だ。必要なのは、化石記録で示されている、確立された主要な進化の分岐時間を使った較正《こうせい》だけだ。

すぐに多くの分子生物学者が、分子時計を使って多くの動物グループの分岐の歴史と分岐時期を見積もる作業に熱心に取り組みはじめた。カリフォルニア大学バークレー校の故ヴィンセント・サリッチとアラン・ウィルソンの研究では、またしても、分子時計を使った分岐時期の見積もりによると、チンパンジーとヒトが分岐した時期はたった七〇〇万〜五〇〇万年前で、八〇〇万年前よりも昔ではなく、ラマピテクスが示唆する一四〇〇万年前ではないことが示された。それでも古生物学者たちは自分の信念を守った。時々、非常に奇妙でばかげた結果が出たことがあるので、分子時計の技法は確立されたものではなく信頼性を欠くとして信用しなかった（これは今でも起こることで、いつも理由がわかるわけではない）。

一九七〇年代と八〇年代には論争がますます過熱して、会合では口角泡を飛ばさんばかりの激論になり、学術雑誌上でも主要な研究者がけんか腰の議論を繰り広げた。サリッチとウィルソンは、自分たちのデータは信頼できるもので、ラマピテクスに何か問題があるか、またはその年代がおかしいにちがいないと確信を持っていた。サリッチはたくましく、一度会ったら忘れられない大物で、スタイリッシュな顎髭を生やし、声が大きく、はっきりした意見を持っていて、必要とあれば人を怒らせたり不快にさせたりしても平気だった。一九七一年に彼はこう言った。「どのような姿をしていようと、およそ八〇〇万年前より古い化石をヒト科の動物と見なす者はもういない」。分子生物学者がまちがっていることをラマピテクスが証明している、と主張してきたサイモンズやピルビームなどの研究者が、この発言に激怒したのも無理はない。

この行きづまりは、シワリク丘陵での別の発見によってついに打開されることになった。一九八二年に、ピルビームが新しく発見された標本について報告したのだが、それにはより完全なラマピテクスの下顎が含まれていただけではなく、頭骨の一部もあった。頭骨が加わると、その標本は、シワリク丘陵で最初に探検が行われた際に、ガイ・ピルグリムによって一九一〇年にシバピテクスと命名された化石オランウータンに似ていることがわかった。ラマピテクスの下顎は単にオランウータンの類縁の顎であり、たまたまヒト族に見えただけだったのだ。すぐに人類学者は退却を余儀なくされ、まちがいを認めざるを得なくなり、サリッチとウィルソンと分子生物学に軍配が上がった。こうして、一四〇〇万年前という古さのヒト族の化石は存在しないことを古生物学者は知ったわけだが、次の疑問がわいてきた。最古のヒト族の化石はどれなのだろうか。実際に八〇〇万年前よりも古いものではないというサリッチとウィルソンの予想にぴったり合うのだろうか。

最古のヒト族、トゥーマイ

過去二五年間、古人類学者は世界中を懸命に調査し、ヒト族の化石記録をどんどん古い地層に求めていった。第6章で論じるが、人類が進化したのはアフリカであり、アフリカで最古の化石の数々が発見されている。初期の研究では集中的に南アフリカが調査され、次にケニアとタンザニアが調べられ、一九七〇年代以降はエチオピアなどでさらに古い地層が集中的に調査されている。

一九七四年のルーシー（アウストラロピテクス・アファレンシス）の発見以降は（第6章）、数年ごとにさらに古い標本が発見されている。一九八四年にケニアでアウストラロピテクス・アナメンシスと呼ばれる、よくわかっていない種の化石が発見された。この化石はルーシーよりもはるかに原始的で、年代は五二五万年前と推定されている。そして一九九四年にはさらに原始的な種がエチオピアで発見された。アルディピテクス・ラミドゥスと命名されたその生物は、いくつかの断片的な化石にもとづいていたが、二〇〇九年にティム・ホワイトらが、部分的な一体の骨格と多数のさらなる化石を発表した。今では四肢のいくつかの骨と部分的な頭骨までもが見つかっている。さらに古いアルディピテクス・カダッバが最近発見されたことによって、この属は五六〇万年前にまでさかのぼることになった。

一方、トゥゲン丘陵では、マーティン・ピックフォードが率いる仏英ケニアのチームが調査を行っていた。トゥゲン丘陵はケニアにあり、オルドバイ渓谷やトゥルカナ湖などの有名な地層よりもさらに古い。二〇〇〇年に彼らはオロリン・トゥゲネンシスというさらに古いヒト族を発表した。二〇〇七年にははるかによい化石が報告されている。オロリンは、約二〇の標本（顎の後方、顎の前方、ばらばらになった歯、上腕骨と大腿骨の破片、指節骨）しか見つかっていない。その歯は（わかっているかぎりでは）類人猿によく似ているが、大腿骨の臀部は二足歩行していたことを明らかに示している。ほかのケニアの地層と同様にトゥゲン丘陵にも年代が測定されている火山灰が含まれており、それによるとオロリンの年代は、六一〇万～五八〇万年前とされている。

というわけで、今日ではヒト族の化石記録は少なくとも六〇〇万年前にまでさかのぼり、ヒト族と類人猿が分岐したのは約七〇〇万～五〇〇万年前という、分子時計から予想された期間におさまっている。だが、化石ヒト族が保存されている可能性がある、わずかに古い地層はどこにあるのだろうか。

フランスの古生物学者ミシェル・ブリュネは、一九九五年までに世界中で中新世の哺乳類の調査を続けていた。ブリュネはもっとも危険で辺鄙な化石産地での調査の専門家だった。アフガニスタンでは戦闘機から機銃掃射され、イラクでは拘束され、カメルーンでは共同研究者をマラリアで失い、チャド（旧フランス植民地）では銃で脅されたこともあった。一九九〇年代半ばまでに、チャドの中新世の地層を数年にわたり発掘していた。

チャドのジュラブ砂漠はなかなか耐えがたい環境だ。六〇歳目前のブリュネは、若い人にとっても過酷な砂漠で調査をしていた。気温が四三～四九℃に達するにもかかわらず、頭に布を巻きつけて、目出し帽とゴーグルを着用しなければならなかった。目や耳や鼻や口に吹きこんでくる砂から身を守るためだ。日陰であっても、水筒が自然に爆発するほど暑くなることもある。骨や歯の破片を探して砂漠の地面を掃く際には注意を払わねばならなかった——命を奪うような暑さや、吹きすさぶ風や砂だけではなく、よくある部族間の争いの一つで地雷が埋められたままになっているからだ。一九九五年一月二十三日に、彼は三五〇万年前の原始的なヒト族の顎骨を発見したが、南アフリカや東アフリカ以外でそのような骨が発見されるのはこれがはじめてだった。その化石は後にアウストラロピテクス・バーレルガザリと命名された。

続く七月に、彼はアディスアベバのエチオピア国立博物館でティム・ホワイトと会った。チャドで自分が発見したヒト族の化石と、エチオピアでホワイトが発掘したものを比べるためだった。ブリュネは、ホワイトに見せるために持ってきた顎骨が見つかった地層の下にある、さらに古い層について知っていると彼に話した。その古い地層には七〇〇万～六〇〇〇万年前のものと推測される、絶滅したアレチネズミ類やほかの哺乳類の化石が含まれていた。アレチネズミ類は乾いた気候を示唆するためホワイトは懐疑的で、そこからヒト族は発見されないだろうと考えた。二人が博物館にいる間に、ブリュネは自分がさらに古いヒト族を見つけると断言した。さらに古い堆積物を調査中だったからだ。賭けに「勝つのは僕さ」とブリュネは言った。

早送りして二〇〇一年まで話を進めよう。ブリュネはそれまで六年間、その古い地層で調査を行っていた。地層の年代は後期中新世で、七〇〇万～六〇〇〇万年前のものとみられる化石が含まれていた。ブリュネと共同研究者らは、ポワティエ大学とンジャメナ大学が共同で研究を行うフランス―チャド古人類調査隊（ＭＰＦＴ）を結成していた。ある日、トロス・メナラと呼ばれる化石産地で、焼けつくような暑さのなか、彼とチャド人の三人のメンバーが作業を行っていた。突然、メンバーの一人がかがみこみ、地面からつき出ている物体に目をこらした。そして、ブリュネとメンバー全員を呼んだ。すぐに彼が非常に重要な標本を発見したことが見てとれた。なんとなく類人猿の頭骨に似ていたが、ヒト族の特徴もあったのだ（図５・３）。彼らはすぐに発掘し、硬化剤に浸して、キャンプに持ち帰った。

標本をポワティエ大学に持ち帰った後、まだブリュネが分析を終わらせていないうちから噂が飛びかった。頭骨の写真を見た人々や、その頭骨について聞いたりした人々から漏れてきた少ない情報をもとに、何が発見されたのか、さまざまな憶測が駆けめぐった。まちがった情報が広がる前に、予備的な分析結果を発表する以外にブリュネに選択肢はなかった。

二〇〇二年七月十一日、彼の論文は傑出した学術雑誌「ネイチャー」に掲載された。ブリュネはその標本を、発見場所であるチャドのサヘル地域にちなみ、またチャドのフランス語の綴り（Tchad）を用いて、サヘラントロプス・チャデンシスと命名した。だが、ブリュネと共同研究者らは、チャドのダザンガ語で「生命の希望」を意味する「トゥーマイ」という愛称をつけた。

サヘラントロプスは頭骨だけからなり、顎も骨格のほかのパーツも見つかっていない。また、斜めにひしゃげており、そのままの状態では非常に奇妙で非対称的である。技術者とコンピューターの専

▲**図 5.3**　「トゥーマイ」と呼ばれるサヘラントロプス・チャデンシスの頭骨

門家がモーフィングのソフトウェアを使って復元し、頭骨がつぶされて埋まってしまう前の真の姿を示した。その化石はチンパンジーの頭骨とほぼ同じ大きさであるため、生きていた当時のサヘラントロプスはチンパンジーほどの大きさだったと考えられる。頭蓋腔の容積は約三二〇〜三八〇ccだ（現生のヒトの脳の容積は一三五〇ccを超える）。類人猿や多くの原始的なヒト族と同様に、大きな眼窩《がんか》上《じょう》隆起《りゅうき》（眼の上の張り出し）がまだ見られる。比較的原始的な臼歯など、ほかにも類人猿の特徴がいくつかある。

だが、サヘラントロプスには、ブリュネらが指摘するように、チンパンジーやほかの類人猿よりもヒト族に近いことを明らかに示す特徴がいくつかある。顔が平らでほとんど吻がなく、類人猿の顔とは異なっている。犬歯は小さく、類人猿の大きな牙のようではない（ほとんどの類人猿の雄は大型の犬歯を持っているものだが、サヘラントロプスの頭骨は雄のものに見えるにもかかわらず、犬歯は大きくない）。その歯は口蓋のまわりにC字型に並んでおり、ほとんどの類人猿に特徴的な細長いU字型ではない。さらに重要なのは頭骨の底にある穴（大後頭孔《だいこうとうこう》）の位置で、脊髄がその穴を通って脳につながっているのだが、穴が頭骨のちょうど真下に位置しており、頭蓋の後方に傾いていない。頭骨が脊髄の上に真っ直ぐのっており、チンパンジーやほかの類人猿のように脊髄の前方に垂れているのではないことを示している。

この最後の点はきわめて重要だ。第6章で見るように、二十世紀のほとんどを通して、人類学者は、脳の大きさが人類の進化に影響を与えたもっとも重要な要素であり、二足歩行の直立した姿勢などの特徴は二次的なものだという偏見を持っていた。しかし、過去三〇年間に発見されたヒト族の化石の多くは、ルーシー、アルディピテクスからオロリンまで、明らかに完全に二足歩行だったが、脳は小さかった。そして、既知の最古のヒト族の化石であるサヘラントロプスもまた、頭骨が脊髄の真上にのっていた証拠を示している。二足歩行は人類の進化で最初に起こった適応の一つであり、わたしたちの脳が大きくなったのはずっと後のことだった。

この認識からは――平らな顔と小さな犬歯、そしてヒト族のような上顎の形と合わせると――サヘラントロプスはほかのどの類人猿よりもヒトに近い生物だということになる。新発見が今後もあるとは思うが、今のところ「トゥーマイ」が最古のヒト族の記録を持っている。そして、七〇〇万〜六〇〇万年前というその年代は、チンパンジーとヒトが分岐した年代として過去四〇年間、分子生物学者たちが予測してきたものにぴったり合うのである。

自分の目で確かめよう！

サヘラントロプス、オロリン、アルディピテクス、アウストラロピテクスやそのほかの最初期のヒト族（ホミニン）の化石は、それらが発見された国々（特にエチオピア、ケニア、タンザニアやチャド）の博物館の特別な保管庫にしまわれており、許可された研究者しかコレクションを見たり、それらの最高の宝にふれたりすることはできない。

人類の進化をテーマにした展示ホールがある博物館は多く、非常に重要な化石の精巧なレプリカが展示されている。

アメリカではニューヨークにあるアメリカ自然史博物館、シカゴにあるフィールド自然史博物館、ワシントンD.C.にあるスミソニアン博物館群の一つの国立自然史博物館、ロサンゼルス自然史博物館、サンディエゴ人類博物館、コネティカット州ニューヘイブンにあるイェール大学ピーボディ自然史博物館などで見ることができる。

ヨーロッパではロンドン自然史博物館、スペインのブルゴスにある人類進化博物館などに展示されている。ほかにはシドニーにあるオーストラリア博物館でも見ることができる。

第6章 最古の人類の骨格・アウストラロピテクス・アファレンシス

ビートルズと化石人類ルーシー

しかしながら、人間はいくら気高いといっても、その低い起源が、消せない印として、今でも身体構造の中に刻まれているということを我々は受け入れなければならないとわたしは思う。

――『人間の由来』チャールズ・ダーウィン

人間の由来

一八五九年に出版された『種の起源』では、ダーウィンがヒトの進化の化石記録について述べることはなかった。一八七一年に発表された『人間の由来』においてさえ、ヒトの化石については一言も言及されなかった。この沈黙にはもっともな理由があった。十九世紀中ごろには、先史時代の人間を示唆する遺物は数えるほどしかなかったのだ。

きちんと記載された最初のネアンデルタール人は、一八五六年にドイツのデュッセルドルフ郊外のネアンデル谷にある石灰岩の採掘場で見つかったのだが、それは『種の起源』が出版されるわずか三年前のことだった。その化石は頭蓋冠といくつかの四肢骨だけだったため、もともとはホラアナグマの骨だと思われていた。その後は、病気にかかったコサックの騎兵の遺体だというおそろしく見当違いな解釈をされたり、また別の奇妙な人間とまちがって同定されたりした。変わった現生人類の骨だろうとしか思われていなかったのだ。

最初期の完全なネアンデルタール人の骨格は、フランスのラ・シャペローサンで発見されたのだが、たまたまくる病を患った年老いた個体の骨だったため、初期のネアンデルタール人の復元は腰が曲がった粗野な姿をしており、後に発見された多くのよい骨格から判明した、直立したたくましい姿ではなかった。

ネアンデルタール人よりも原始的なヒト族の標本が発見されたのは、十九世紀が終わりに近づいたころだった。オランダの医者で解剖学者のウジェーヌ・デュボワは、ダーウィンの説にすっかり心を奪われ、人類は東アジアで進化したと確信し、オランダ領東インド（今日のインドネシア）に派遣されるよう、一八八七年に軍医としてオランダ軍に志願した。彼はまぎれもなくとびきり幸運だった。数回の発掘で大成功をおさめたのだ。結局その地域にはかつて化石ヒト族が住んでおり、デュボワと

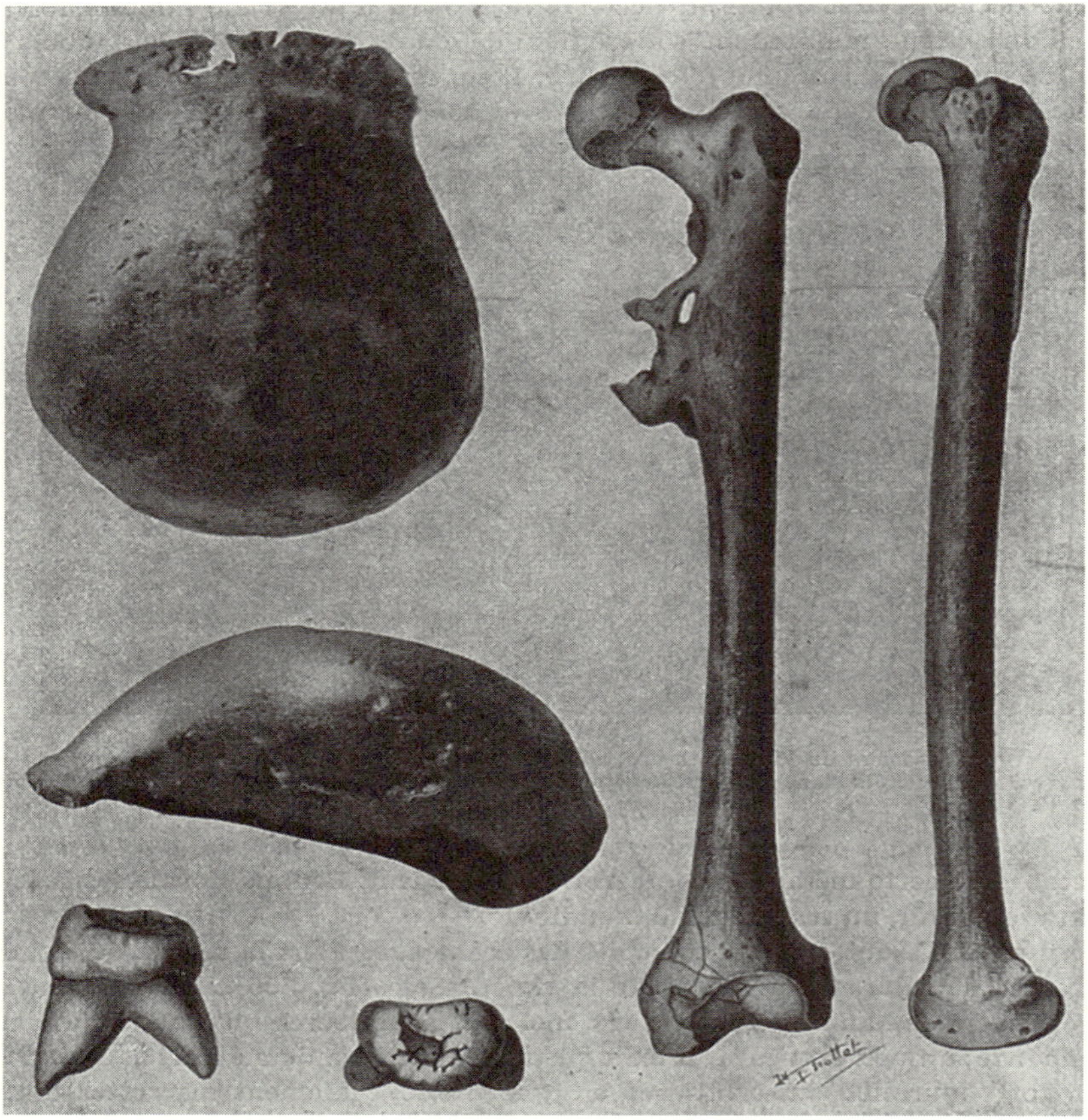

▲図 6.1　オランダの解剖学者ウジェーヌ・デュボワが描いたジャワ原人の３つの化石
頭骨の上部、臼歯、大腿骨。それぞれ違う方向から２つ描かれている

ジャワ人の助手たちは一八九一年から九五年にかけて、一つの頭蓋冠と一つの大腿骨といくつかの歯を含む一連の標本を発見した（図6・1）。彼はそれをピテカントロプス・エレクトス（ギリシャ語で「直立した猿人」の意）と命名したが、発見された島にちなんで「ジャワ原人」として知られるようになった。標本は完全ではなかったものの、直立して歩いていたことが大腿骨から明らかだった。頭蓋冠は非常に原始的で、眼窩上隆起《がんかじょうりゅうき》が目立ち、頭蓋容量は現生人類の約半分だった。

オランダにもどったデュボワは一八九九年に教授職に就いた。だが、不幸なことに、彼は科学界では標準的な厳しい批判にうまく対処することができなかった。標本が不完全だったので、多くの人類学者が彼の主張に納得せず、奇形の類人猿の化石だと考えた。その結果、彼は地団駄を踏みながらこの論争から身を引いた。標本を隠してしまい、誰にも見せようとはせず、科学的な議論に参加しようともしなかった。一九二〇年代までには、彼に有利な方向に世論が動いていったのだが、引きこもって失意のまま一九四〇年に八二歳で亡くなった。

人類の起源はユーラシアに？

ダーウィンは一八七一年に、ヒトはアフリカの祖先から進化したはずだと主張した。彼の論拠は単純明快だった。わたしたちにもっとも近い類人猿（チンパンジーとゴリラ）はすべてアフリカに生息しているのだから、類人猿と人類の共通祖先がアフリカに起源を持つのは当然だと考えたのだ。だが、後のほとんどの人類学者はダーウィンの意見を退け、人類が出現したのはユーラシアだと主張した。デュボワのジャワでの発見を含め、いくつかの理由があげられたが、その根底にあったのは、アフリカ人は準人間であり、わたしたちの種にすら属していないとする根深い人種差別だった。ヒトがすべて黒人のアフリカ人の末裔だとする説は、二十世紀初頭の多くの白人の学者にとっては許しがたいことだった。

二十世紀初頭のほぼすべての人類学者と古生物学者が、人類の起源はユーラシアにあると考えていた。アメリカ自然史博物館の館長で、著名な古生物学者のヘンリー・フェアフィールド・オズボーンは、一九二〇年代にモンゴルを調査するためにロイ・チャップマン・アンドリュースが隊長を務める伝説的な中央アジア遠征隊を組織して資金を集めたのだが、その前提は、人類の最古の祖先が発見できる可能性があるということだった（第4章）。それはかなわなかったが、その遠征では非常に重要な恐竜の化石（初の恐竜の卵と巣を含む）を発見することはたしかにできたし、じつに興味深い希少な化石哺乳類を発見するに至った。また、ジャワでのデュボワによる化石ヒト族の発見が「出アジア（アジア起源）」を裏づけるのに一役買った。

一九二一年、アメリカ自然史博物館の遠征隊がモンゴル調査を開始したころに、スウェーデンの古生物学者ユハン・アンデショーンが、北京の近くで周口店《しゅうこうてん》と呼ばれる洞窟を発見した。オーストリアの古生物学者オットー・ズダンスキーが発掘を引き継ぎ、すばらしい氷河期の哺乳類の動物相が発見され、巨大なハイエナの化石やヒト族の歯が二本見つかった。ズダンスキーから標本を渡されたカナダの解剖学者デビッドソン・ブラック（当時は北京協和医学院に勤務）が一九二七年にそれらを発表して、シナントロプス・ペキネンシス（北京から見つかった中国のヒトの意）と命名したが、一般的には「北京原人」と呼ばれることになった。

資金が集まった後に発掘が再開されたが、数年間調査したにもかかわらず、歯が数本しか見つからなかった。ついに一九二八年に下顎と頭骨の破片とさらなる歯が発見され、この種の原始的な性質が確認された。これによってさらに資金が集まり、大部分が中国人の作業員と科学者からなるチームによって、大規模な発掘が行われることになった。すぐに二〇〇個以上のヒトの化石が発見された。その中には六個のほぼ完全な頭骨も含まれていた（図6・2）。

一九三四年にブラックが心不全で亡くなると、その一年後に、ドイツの解剖学者フランツ・ワイデンライヒが研究と記載を引き継いだ。発見した際にブラックが予備的な化石の記載を多く発表してはいたが、ワイデンライヒによる詳細な研究論文がそれらの完全な記録になった。この資料によって、北京原人はジャワ原人に非常によく似ていることがすぐに明らかになり、ほとんどの人類学者はそれらが同じ種、ホモ・エレクトスであると考えた。

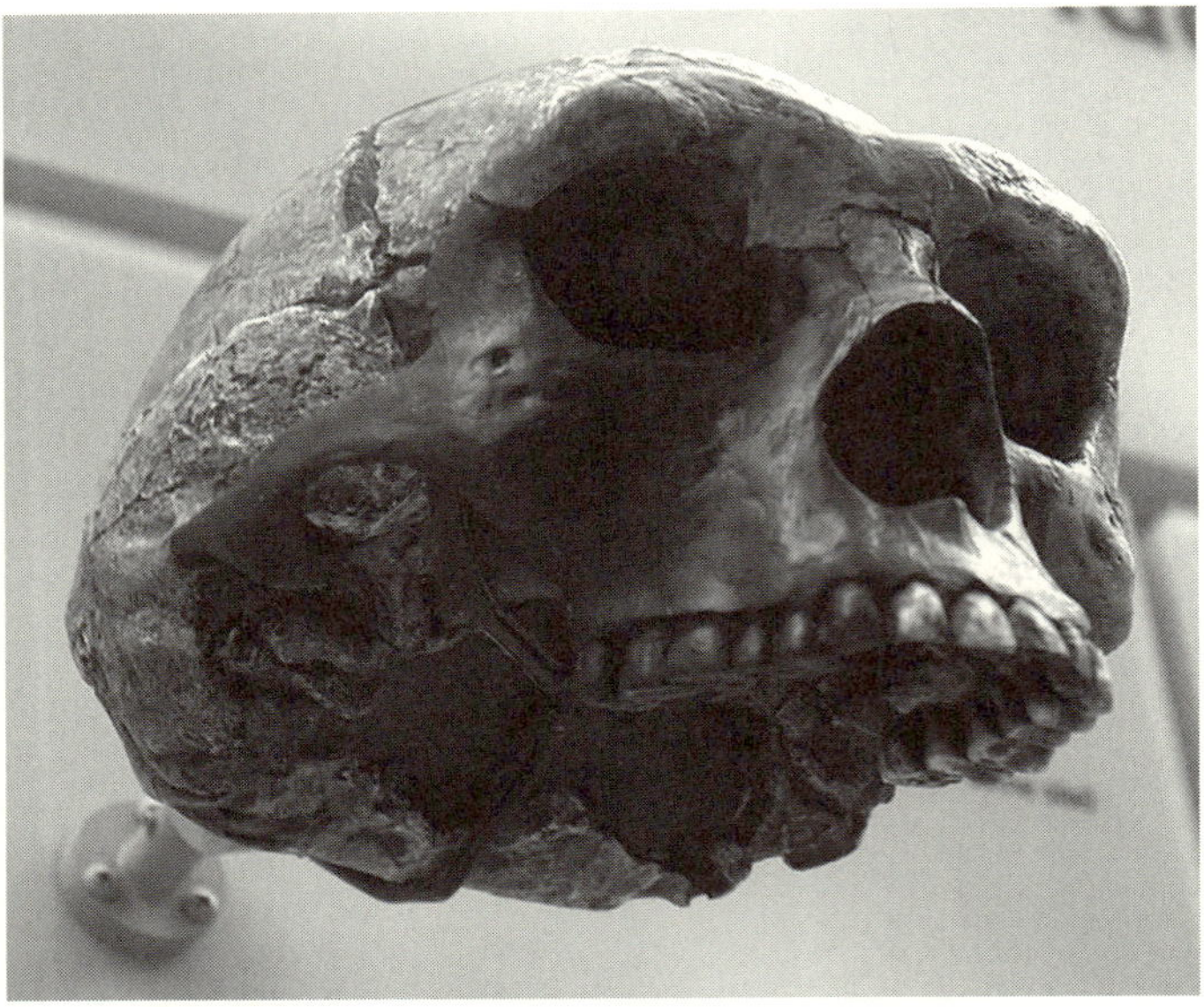

▲**図 6.2**　中国の周口店で発見された「北京原人」のかなり完全な頭骨の一つ

周口店での発掘が続くなか、戦争がそこまで迫ってきた。大日本帝国が領土を拡大し、中国を攻撃しはじめ、一つまた一つと併合していったのだ。一九三一年には中国東北部の満州が侵略されて、満州国という日本の一地方になった。日本は、中国最後の皇帝、愛新覚羅溥儀《あいしんかくらふぎ》を首班とする傀儡《かいらい》政権を樹立した。一九三七年に二度目の中国侵略が始まった。日本は、蒋介石率いる国民党と毛沢東率いる共産党と戦いながら、中国の広い地域をさらに併合した。

そして一九四一年、真珠湾攻撃の前夜、北京にいる科学者たちは、戦争がそこまで迫っていると危機感を持った。

周口店のチームは、化石が日本の手に渡って、科学的研究のために保存されず、単なる戦利品となってしまうのではないかという危惧を抱いた。彼らは北京協和医学院にあるすべての標本を二つの木箱に納めてアメリカ海兵隊のトラックに積みこみ、こっそり秦皇島港《しんこうとう》から持ち出そうとした。侵略者から守るために急いで秘密裏に輸送するうちに、どこかの段階で木箱は行方不明になり、二度と見つかることはなかった。木箱が積まれた船が日本軍に沈められたという説や、発見されないようにひそかに埋められたのだが、場所がわからなくなったという説、日常的に化石（竜骨《りゅうこつ》）を粉砕している中国人の商人がそれらの標本を見つけ、すりつぶして伝統的な薬にしてしまったという説などがある。

だが、幸いにも、ほぼすべての標本は型が取られて正確なレプリカがつくられており、多くの博物館に収蔵されているため、どのような姿だったのか詳しくわかっている。その上、その後の発掘でも化石が発見されているので、取り返しのつかない損失ではない。

人類の起源はイギリスに？

アジアが人類の故郷だとする説は、有名なドイツの発生学者で生物学者のエルンスト・ヘッケルにまでさかのぼる。ヘッケルはその点を強く主張した（それを証明できる化石がまだ一つも発見されていないはるか昔に)。ヘッケルはドイツでのダーウィンの一番の支持者だったが、ヒトがアフリカで出現して進化したというダーウィンの主張には反対だった。ヘッケルはデュボワに直接的な影響を与え、デュボワがジャワで化石ヒト族を発見し、ヘッケルの説を支持する証拠を与えた格好になった。

先駆的な人類学者や古生物学者でヘッケルの説に賛成していたのは、周口店で調査していた学者(アンデショーン、ズダンスキー、ブラック、ワイデンライヒ)だけではなく、オズボーンやアメリカ自然史博物館の同僚たちもそうだった。古生物学者のウォルター・グレンジャー(中央アジア遠征隊の主任研究員)、ウィリアム・ディラー・マシュー(ほとんどの哺乳類のグループはユーラシアで起こり、そこを中心として広がったと主張した)、ウィリアム・キング・グレゴリーなどだった。

当時、化石記録は人類のユーラシア起源説を支持するかのように見え、まずはネアンデルタール人、そしてジャワ原人と北京原人が続いた。そして、驚いたことに、イギリスでのある発見によって、人類の進化のもともとの中心がユーラシアであるという説が裏づけられたように見えた。

一九一二年のロンドン地質学会の会合でチャールズ・ドーソンというアマチュアの収集家が、四年前にピルトダウンの近くの砂利採取場の作業員から頭骨の破片を入手したと主張した。作業員はココナッツの化石だと勘違いしてその頭蓋冠を割ろうとしたのだという。ドーソンは何度もピルトダウンにもどってさらなる破片を発見した。そして、ドーソンは大英自然史博物館(ロンドン自然史博物館)のアーサー・スミス・ウッドワードに見せた。ウッドワードはドーソンとともにピルトダウンを

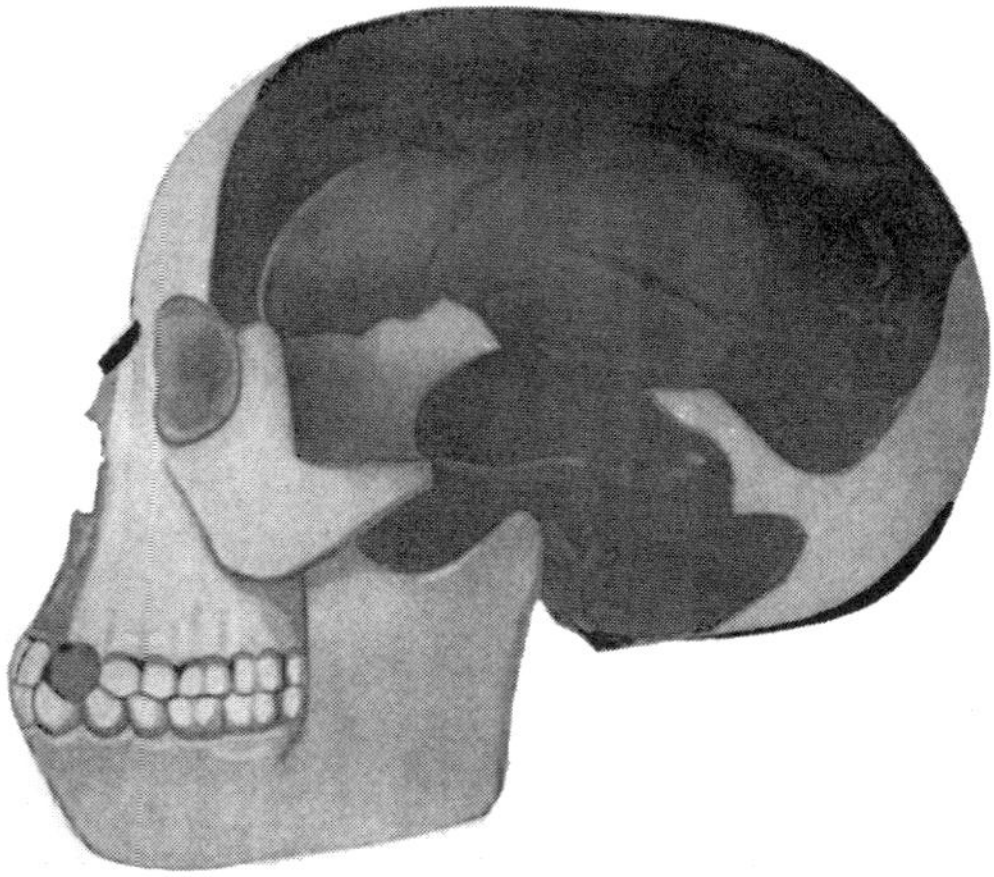

▲**図 6.3**　アーサー・スミス・ウッドワードによる、ピルトダウン人の頭骨の復元図

訪れた。そのときウッドワードは何も見つけることができなかったのに、ドーソンは頭蓋冠のさらなる破片と顎の一部を偶然発見した。

すぐにウッドワードは、入手した数少ない破片をもとに頭骨と顎の復元に取りかかった（図6・3）。その標本は非常に興味深いものだった。その頭骨は現生人類のものに非常によく似ており、頭蓋はまるく膨らんで、脳函が大きく、眼窩上隆起が小さかった。しかし、顎は類人猿に非常によく似ていた。だが、致命的なことに、顎の蝶番《ちょうつがい》が壊れて失われていたし、顔や頭骨の多くのパーツもなかったので、その顎がその頭骨にぴったり合うのかどうか知るすべがなかった。

一九一三年の八月、ウッドワードとドーソンとフランスのカトリック司祭で古生物学者のピエール・テイヤール・ド・シャルダンがピルトダウンのズリ山〔訳注：鉱山で鉱石を採掘する際に資源として使えず廃棄された岩石が捨てられて積もっている場所〕をふたたび訪れたときに、テイヤールが顎の壊れたパーツの隙間にぴったり合う犬歯を発見した。その犬歯は小さく、ヒトのものに似ていて、ほとんどの類人猿に典型的に見られる大きな牙のような犬歯ではなかった。

しかしながら、ドーソンの発見とウッドワードの復元には批判もあったし、信憑性を疑う者もいた（図6・4）。解剖学者のアーサー・キース卿はウッドワードの復元に異議を唱え、はるかに人類に似た復元をした。また、ロンドン大学キングス・カレッジの解剖学者デイビッド・ウォーターソンは、二つの標本は一つにまとまりえないとし、「ピルトダウン人」はヒトの頭骨に類人猿の顎をつけただけのものだと主張した。フランスの古生物学者マルスラン・ブール（ラ・シャペローサンで発見されたネアンデルタール人を記載した研究者）や、アメリカの動物学者ゲリット・スミス・ミラーも同様に唱えた。一九二三年にはフランツ・ワイデンライヒ（北京原人を記載した）が、ピルトダウン人は現生人類の頭骨に、類人猿のような外見を隠すために歯を削り落とした類人猿の顎をつけたものであると強く主張した。

一九二〇年代と三〇年代には常にピルトダウン人に関する批判があり、懐疑的な人たちがいたにもかかわらず、イギリスの古生物学の中心人物（特にウッドワード、キース、グラフトン・エリオット・スミス）は信じて疑わなかった（図6・4）。問題がありはしたが、その「化石」は彼らのあらゆ

▲図 6.4　ジョン・クック作「ピルトダウン人の頭骨に関する討議」(1915年)
この有名な絵画は、イギリスの人類学界のメンバーが「ピルトダウン人」の標本を調べる姿を描いたものだ。
前列中央、おもな提唱者だったアーサー・キース卿（白衣の人物）
後列左から、F・O・バーロウ、グラフトン・エリオット・スミス、チャールズ・ドーソン（捏造を行った）、アーサー・スミス・ウッドワード（ロンドン自然史博物館の地質学部門のキュレーターで、ピルトダウン人を正式に記載した）
前列左、A・S・アンダーウッド
前列右、W・P・ペイクラフトと著名な解剖学者のレイ・ランケスターる偏見にぴったり合っていた。

第一に、わたしたちの祖先が類人猿のような歯や顎を失うはるか昔、または二足歩行をはじめるはるか昔に、脳の増大によって人類の進化が起こったことを示唆していた。これは当時の古人類学で広く認められた定説だった——脳の増大と知能の発達が先に起こり、知能が人類を進化させたという説だ。二番目の要因は単なる熱狂的な愛国心だった。イギリスの学者たちは、ミッシングリンクが自分たちの国で発見されたことを誇りに思っていた。ピルトダウン人という「最初のブリトン人」は、ジャワ原人や北京原人よりもさらに原始的な存在だったのだ。つまるところ、ヨーロッパ（特にイギリス諸島）が人類進化の中心地だったようなのである。この「化石」が当時の人類学の偏見と神話に完全に合っていたため、疑いはすぐに姿を消し、ピルトダウン人は四一年間も象徴的な標本でありつづけた。

ようやく一九四〇年代後半から五〇年代前半に、この標本に対する疑惑がふたたび浮上してきた。というのも、そのときにはすでに化石記録に合わなくなっていたのだ。特にアフリカで発見された化石によって、人類の化石記録はより詳しく解明されていた。数十年間、ピルトダウンの標本は施錠して厳重に保管されており、研究用のレプリカは一セットしかなく、現物を詳しく見たことがある人は少なかった。一九五三年に、化学者のケネス・オークリーと人類学者のウィルフリッド・E・ル・グロ・クラーク、ジョセフ・ワイナーがその「化石」を調査した。そして、彼らはピルトダウン人が捏造されたものであることを確認した――頭骨は中世の墓場から掘り返された現生人類のもので、顎はサラワクのオランウータンのものであり、歯のいくつかはチンパンジーのものだった。古く見せかけるために標本はすべて鉄とクロム酸で着色されており、あまり類人猿のように見えないように歯が故意に削られていた――まさにワイデンライヒが推測した通りだった。

この悪事にかかわった人物ついてはまだ議論がつきない。もちろん、チャールズ・ドーソンがすべての「化石」を「発見」したわけで、彼の過去を調べてみると、長きにわたって遺物や人類の化石を偽造していた事実があることがわかったため、彼が単独犯だった可能性もある。だが、捏造を大成功させるには、解剖学者か人類学者からの専門的な助言が必要だったのではないかという説もある。その顎と頭骨が別のものであることを示すすべてのパーツが戦略的に取り去られていたのだから。

また、真犯人はピエール・テイヤール・ド・シャルダンであるとか、アーサー・キースだとか、動物学者のマーティン・ヒントン、いたずら好きの詩人ホーレス・デ・ヴェレ・コール〔訳注：偽エチオピア皇帝事件で有名〕などの説があり、なんと「シャーロック・ホームズ」シリーズの作家アーサー・コナン・ドイルが背後にいたという説まである。ほぼ一世紀が経過したが、今のところ決定的な証拠はない。唯一わかっているのは、ドーソンが主犯（もしかしたら単独犯）で、彼には詐欺を長く行っていた実績があるということだけだ。手を貸していた者がいたのかどうかは今後もわからないかもしれない。

無視されたアフリカでの大発見

ヨーロッパの博物館や大学で人類のユーラシア起源の調査が進められていたころ、アフリカは学術的に取り残されていた。アフリカの都市のほとんどは活気のない辺境の地で、主要な大学や博物館はなかった。ヨーロッパ（特にイギリス、ドイツ、フランス、ポルトガル、オランダ）の科学者がアフリカにある植民地を訪れて、自国の博物館のために重要な標本を採集して持ち帰ったが、現地の人々のことを粗野な植民地の住民または無知な先住民としか見なしていなかったので、彼らのためには何も残さなかった。

学問の分野において、原始的な辺境の地ではない数少ない国の一つが南アフリカだった。すべての輸送船舶がアフリカの南端を通過するという重要な位置にあること、そして、金やダイヤモンドや貴金属が豊富に埋蔵されていることなどから、ほかのアフリカの地域よりも何世紀も前から入植が進み、西欧化されていた。その結果、宗主国のイギリスと、アフリカーナーになったオランダ人の入植者の両方によって、現代的なヨーロッパ風の国に発展させることに多大な力が注ぎこまれた。ケープタウン、ヨハネスブルグ、ダーバン、プレトリアなどの都市は大きく、洗練されていた。都市には大学や博物館があり、アフリカ全体を見わたしてもめずらしかった。さらに、南アフリカは、ヨーロッパの宗主国から自治を確立したアフリカで二番目の植民地であり、ほかのほとんどのアフリカの植民地が一九五〇年代後半や六〇年代に自治を確立したのに比べるとはるかに早い一九一〇年に自治領となった。

ヨーロッパで教育を受けた南アフリカの学者のなかに、若いオーストラリア人のレイモンド・ダートがいた。ダートはユニバーシティー・カレッジ・ロンドンで医学の学位を取得し、その後、南アフリカに移住して、ヨハネスブルグにあるウィットウォーターズランド大学に新設された解剖学部で教職を得た。着任した彼は、学部にヒトと類人猿の頭骨と骨格のまともなコレクションがないことを知って愕然とした。解剖学を教える上で必要不可欠なものであるというのに。彼は学生に向かって、誰が一番面白い骨を持ってこられるか競争しようと言った。すると、クラスで唯一の女子学生が、友達の家の炉棚にヒヒの化石の頭骨が飾ってあると言った。それが本当にヒヒのものなのか彼は懐疑的だったのだが（サハラ以南のアフリカでは化石霊長類はほとんど発見されていなかったため）、その頭骨を見ると、彼女が正しいことがわかった。その頭骨はノーザン・ライム・カンパニーという、タウングと呼ばれる採石場で石灰を掘ってセメントを生産する会社の重役の家にあった。ダートは石灰岩の洞窟を爆破する際にほかの化石が見つかった場合には送ってもらいたいと頼んだ。

一九二四年のある夏の朝、ダートは自分の家で行われる友人の結婚式の花婿付添人兼ホストを務めるため、固いウィングカラーシャツと格闘していた。そのとき、玄関先に二つの木箱がどさっと置かれる音が聞こえたので調べに行った。一つ目の箱には興味深いものは入っていなかったが、二つ目の箱をこじ開けると、なんと一番上に、自然の頭蓋内《とうがいない》鋳型《いがた》がついた美しい脳函があったのだ。興奮して箱の中をかきまわすと、その頭蓋についていた顔の部分が出てきた。頭骨はチンパンジーと同じサイズなのに、脳がはるかに大きいことが一目でわかった。彼の友達、つまり新郎が早く着替えをすませるように急かした。式の間中、ダートは一刻も早く宝物のところにもどりたいとうずうずしていた。それから数か月かけてその標本をクリーニングし、ハンマーと編み針を使って優しく一叩きして、顔の前面から母岩を取りのぞいた。

出現した顔は四歳くらいの子どものもので、すべての乳歯が所定の位置にあった（図6・5）。その頭骨は現生のチンパンジーのものとほぼ同じ大きさだったが、ヒト族のような特徴がいくつか見られた――脳が異常に大きく、吻がなく、眼窩上隆起が小さい平たい顔をしており、小さくなった犬歯とヒトのような歯が口蓋に半円形に並んでいた。さらに重要なことに、頭骨の底に開いている脊髄が通る穴（大後頭孔《だいこうとうこう》）が脳の直下にあり、この生物が頭を上げて、おそらく直立して歩いていたことを証明していた。

ダートは一九二五年に権威のある科学雑誌「ネイチャー」でその化石の記載と分析を発表した。彼はその標本をアウストラロピテクス・アフリカヌス（ギリシャ語で「アフリカの南のサル」の意）と命名した。

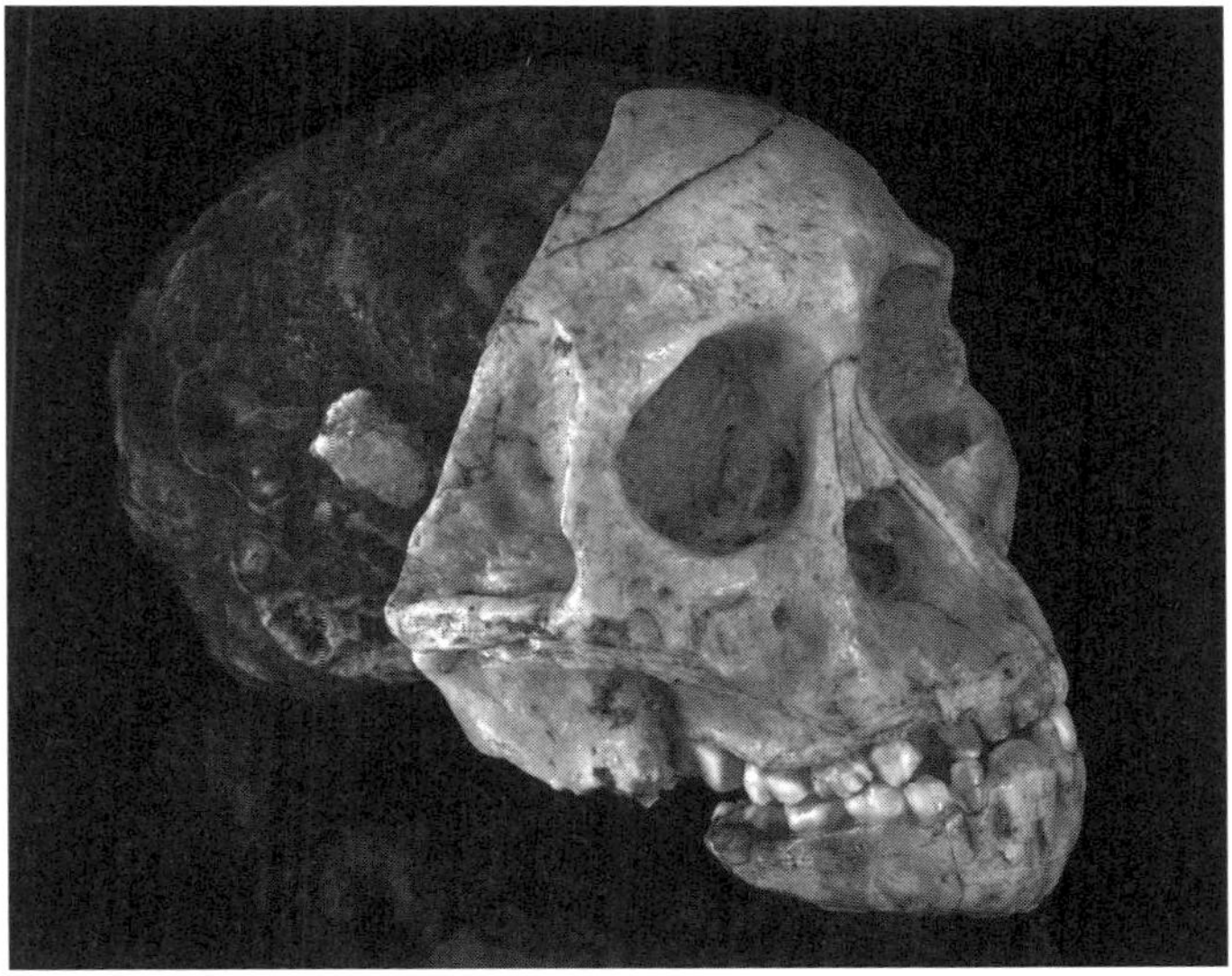

▲図 6.5　タウング・チャイルドという名で知られるアウストラロピテクス・アフリカヌスの頭骨の側面

その標本は初期のヒト族がアフリカに生息していたことを明確に示していた――それまでに発見されていたどの化石よりも、はるかに原始的で類人猿のようだった。医学部時代に脳の頭蓋内鋳型を研究していたこともあり、彼は特にその標本の頭蓋内鋳型に興味を持った。

アウストラロピテクスの脳は、そのサイズの頭骨を持つどの類人猿の脳よりもはるかに大きいだけではなく、前脳が著しく進化しており、ヒトの脳のようであって、類人猿の脳のようではなかった。

ダートは自分の証拠は決定的だと考えていたので、科学界から称賛を得られるとばかり思っていた。だが、ヨーロッパにいる人類学の権威たちが「類人猿の幼獣」であるとして彼の説を否定したので、彼は落胆した。問題の一部は、実際に、類人猿の幼獣は成獣よりも現生人類によく似ているということにあった。そうであっても、直立した姿勢やヒト族のような臼歯、小さくなった犬歯、口蓋のまわりに歯が半円形に並んでいること、そして増大した前脳は、その標本が幼いことによるものではなかった。

それなのに、タウング・チャイルドという名で知られるこの化石は、まちがった認識と偏見の壁にぶつかった。これまでに見てきたように、イギリスやそのほかのヨーロッパの人類学者は、脳の増大が先に起こり、その後にヒト族の小さな歯と直立姿勢などの特徴が続いて現れたとかたくなに信じていた。脳はヒトのようでありながら歯は類人猿のようなピルトダウン人の頭骨がそれを証明していた。だが、タウング・チャイルドは真逆のことを示していた――脳は比較的小さいが、姿勢は直立で、歯はヒト族のようであり、犬歯は縮小していた。というわけで、彼らはそれを受け入れることができなかったのである。ピルトダウンの支持者の一人、アーサー・キース卿はこう述べた。「（ダートの）主張はてんで逆さまであり、その頭骨は類人猿の幼獣のものである……ゴリラとチンパンジーという、現生のアフリカの類人猿と親和性がある点があまりにも多くあり、その化石をこの現生グループに入れることに一瞬のためらいもない」

それに加えて、ほかにも暗黙の要因があった。帝国主義と人種差別だ。ヨーロッパの主要な学者たちはダートの結論を信用していなかった。ダートは（ロンドンで教育を受けてはいたが）南アフリカという辺鄙な場所にいる無名の解剖学者であり、広く認められている専門家ではなく、ただの「田舎っぺ」だと思われていた。「ネイチャー」に載った彼の論文は非常に短いものだったので（掲載される論文は必ず簡潔であるべきだ）、ヨーロッパの一流の古生物学者は、簡潔な記載と数少ない手書きの図しか見ることができず、それらをもとに判断を下すしかなかった（後にダートはより詳しい記載、特に脳に関する詳しい記載を発表した）。だが、ヨーロッパの古生物学者たちにはその化石を調べるためにわざわざ南アフリカまで行く時間もお金もなかったし、長い船旅をしてまで調べに行く意思のある者もいなかった。

それならば、とダートのほうから彼らのもとに持って行くことにした。一九三一年に彼はタウング・チャイルドを携えてイギリスを訪れたのだが、何ら効果はなかった。イギリスの人類学者の人種的偏見はあまりにも根深かったのである。さらに、デビッドソン・ブラックによる北京原人の図と記載が発表され、北京原人の頭骨発見の熱狂がヨーロッパにちょうど届いたところだった——その発見はそれ以前に見つかったジャワ原人とピルトダウン人によるユーラシア起源説の証拠をさらに補強するものだった。そのため、アフリカで発見された唯一の標本であるタウング・チャイルドとダートは、かわいそうなことに影が薄くなってしまった。

ヨーロッパの人類学界がダートの説を否定するのをやめて、その発見の重要性に気づきはじめるまで、二〇年待たなければならなかった。一九四七年になってキースは「ダートが正しく、わたしがまちがっていた」と認めた。そして、最後に笑ったのはダートだった。彼は一九八八年に九五歳まで生き、その発見と現代古人類学の先駆的な仕事が評価され、称賛されて亡くなったのだが、激しく競い合ったライバルのほとんどはずっと昔に死に、今ではもう忘れ去られている。

しかし、一九二〇年代と三〇年代には、南アフリカの科学者たちはダートが正しいことを確信しており、不当に批判されていると考えていた。そうした科学者の中には、スコットランドで生まれた医者のロバート・ブルーム（『8つの化石・進化の謎を解く』第8章）もいた。ブルームはグレート・カルー盆地で、ペルム紀のすばらしい爬虫類の標本と哺乳類の最初期の類縁のみごとな標本を発見したことによって、すでに重要な古生物学者として名を成していた。コレクターのネットワークの数人は、南アフリカに多い石灰岩の洞窟で見つけた化石をブルームに送っていた。

一九三八年、クロムドライと呼ばれる洞窟で調査中に、ブルームは非常に頑丈な成人の頭骨を発見し、パラントロプス・ロブストス（ギリシャ語で「頑丈なヒトに近い生物」）と命名した。その後、かの有名なスワートクランズの洞窟地帯で、一三〇個体分以上のパラントロプス・ロブストスの化石を発見した。パラントロプス・ロブストスの歯に関する最近の研究から、これらの頑強でゴリラのような人類は、いずれも一七歳より長生きせず、木の実や種や草といったざらざらした食べ物を食べて生きていたことがわかっている。

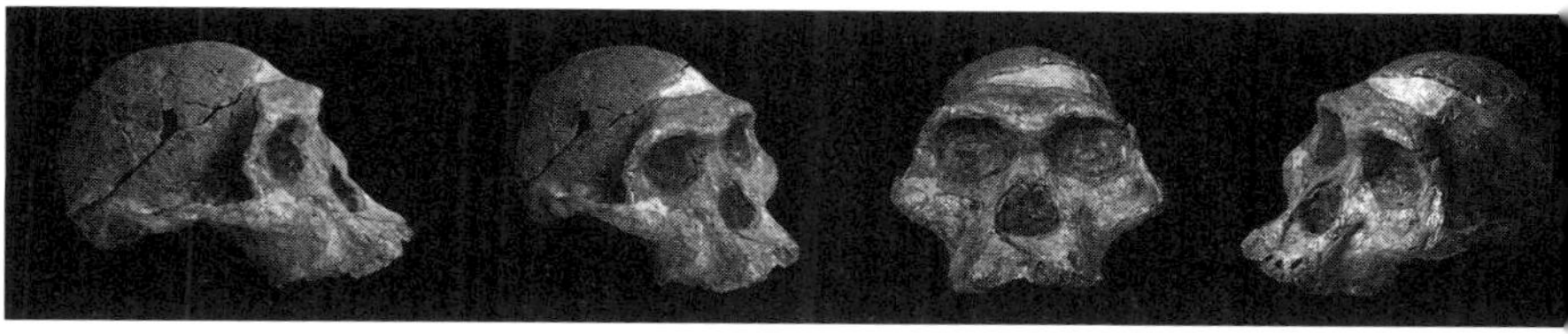

▲図 6.6　いろいろな角度から見たアウストラロピテクス・アフリカヌスのもっとも完全な頭骨
この頭骨には「ミセス・プレス」というニックネームがついている

またブルームは同年に、容量が四八五ccある頭骨化石の頭蓋内鋳型を入手したのだが、それは類人猿のものにしては大きすぎた。彼はその標本をプレシアンスロプス・トランスバーレンシス（ギリシャ語で「トランスバールの類人猿に近いもの」の意）と命名した。

その後、スタークフォンテインという洞窟で化石が出ているという噂を耳にした。そして一九四七年四月一八日、ブルームとジョン・T・ロビンソンが、成人女性のものと見られる完全な頭骨を発見した（だが現在では男性だと考えられている）。その標本はヒト族の特徴を持っていたが、タウング・チャイルドとちょうど同じぐらい原始的でもあった（図6・6）。

彼らはこの標本に「ミセス・プレス」という愛称をつけた。ミセス・プレスの発見は、これまでユーラシアで発見されてきたものよりもはるかに原始的なヒト族の化石が南アフリカで産出することを示していた。すぐにスタークフォンテインから別の化石も発見され、プレシアンスロプス・トランスバーレンシスの集団のばらつきが明確になった。後の人類学者らによって、スタークフォンテインで見つかった成人の化石とタウング・チャイルドは同じ種であると判断され、プレシアンスロプス・トランスバーレンシスは今ではダートのもともとの分類、つまりアウストラロピテクス・アフリカヌスに含まれている。

こうしたアフリカでの発見によって――また、そのように原始的で古い化石がユーラシアではまったく見られないこともあり――人類の起源に関する議論の勢いは出アジア（アジア起源）説からしだいに遠ざかっていった。一九四七年までに記載されたさまざまなアウストラロピテクス類によって、ダーウィンが正しかった可能性が高いことが明らかになっていた。つまり、ヒトはアフリカに出現したのだ。

それだけではなく、脳と知性がヒトの進化を後押しし、小さな歯と直立した姿勢は後で起こったとする説もまた消えていった（そして古い世代の人種差別主義の人類学者も絶滅した）。それまでに発見された化石は、直立の姿勢と歯が先に進化して、それからずっと後に脳の増大が始まったことを示していた。したがって、一九五三年に、明らかになりつつある人類の進化の概略にもう合わなくなっていたピルトダウン人を詳しく調査することになり、ついに捏造が露見したのである。それは決まりの悪いことではあったが、ほっとすることでもあった。

ケニアで大活躍した伝説のルイス・リーキー

また、出アフリカ（アフリカ起源）説の提唱者の中には、あの伝説的なルイス・B・リーキーもいた（図6・7A）。誰に聞いても彼はカリスマ的で、元気があり、はっきりと物を言い、自身の発見についていくらでも面白い話ができる人物だった。また、科学においてはいささか不注意で雑なところがあるという批判もあり、論争を巻き起こすが結局はうまくいかない説を時々支持することでも知られていた。

とはいえ、彼は人類の進化の研究に永久的な遺産を残した――多くの有名な化石を発見しただけではなく、妻のメアリー（彼女がほとんどの発見をした）と息子のリチャード（父より優れていた）を訓練したし、ほかにも多くの重要な人類学者を育てた。また、彼はジェーン・グドールやダイアン・フォッシーやビルーテ・ガルディカスなどの霊長類学者を鼓舞し、それぞれ野生のチンパンジー、ゴリラ、オランウータンを長年フィールドで研究させた。

リーキーは現在のケニアで、イギリス人宣教師の家庭に生まれ、東アフリカの野生生物に親しみながら育ち、地域最大の民族の一つであるキクユ族の言葉を流暢に話し、文化に精通していた。彼はある時期はケニアで家庭教師に教育されたが、第一次世界大戦の後はケンブリッジ大学に入学し、そこ

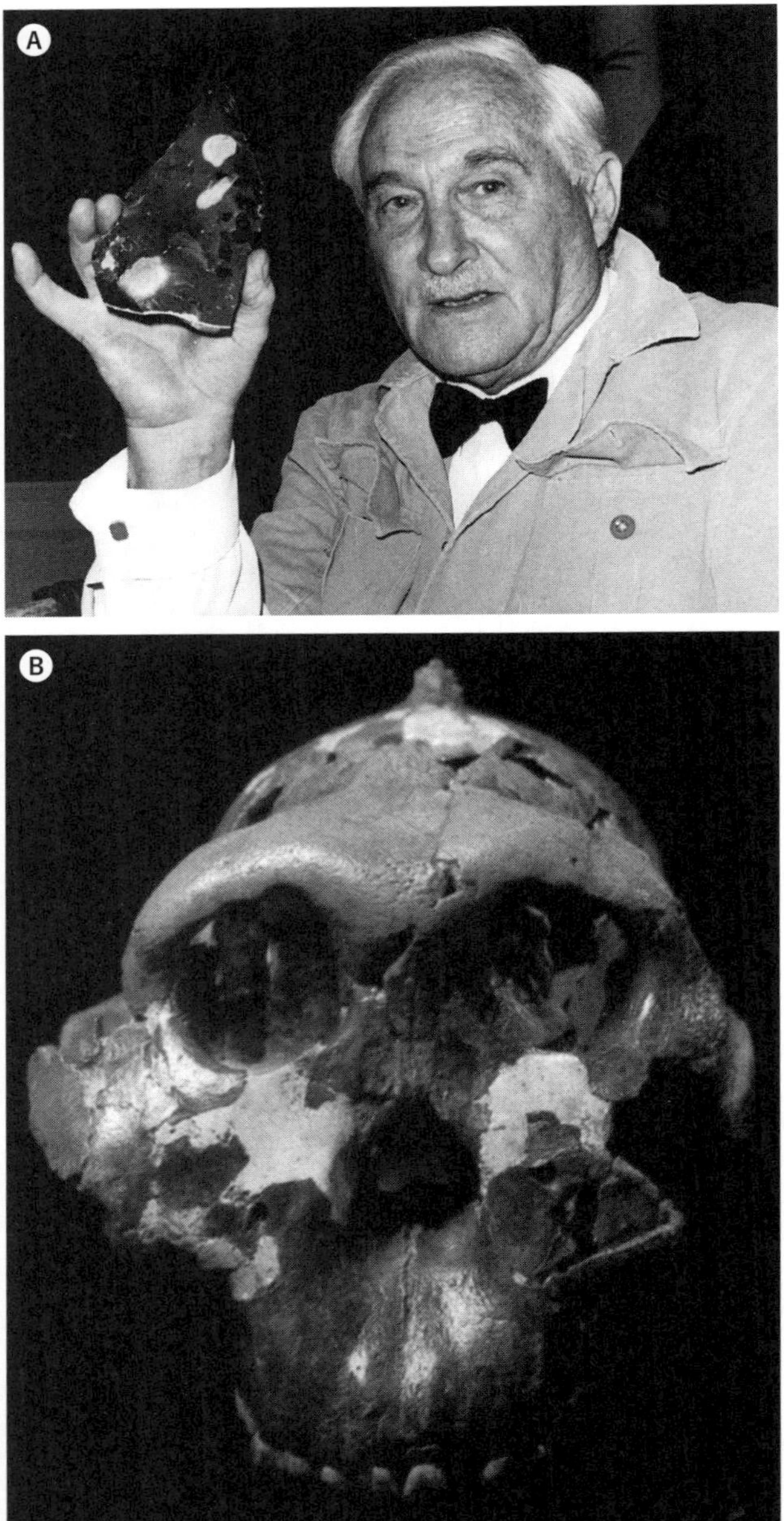

◀図 6.7
A：人工遺物を持つルイス・リーキー
B：ジンジャントロプス（現在は、パラントロプス・ボイジイ）の頭骨。この発見によってリーキー一家は世界的に有名になり、アフリカでの古人類学の研究が活発になったでは聡明で熱心ではあるが、時々風変わりなふるまいをする学生として知られていた。人類学者としての道を選び、二〇代ですでにケニアの考古学に関して無数の論文を発表していた。だが一九三〇年代初頭に彼のキャリアはもう少しで狂いそうになった。最初の妻のフリーダを捨てて、絵を頼んでいた若い画家のメアリー・ニコールと恋に落ちたのだ。学会からの批判を避けるため、彼はメアリーとともにケニアにもどり、カナムやカンジェラ、ルシンガ島で原始的な類人猿の化石を産出する場所をいくつも発見した。

第二次世界大戦前と大戦中のケニアでは、彼がキクユ語に精通し、現地の人々とよい関係を築いていたため、その地域で政治上の重要な役割を果たした。単に戦時中のスパイとしてだけではなく、通訳として、またイギリス人とキクユ族の間に緊張が高まったときには仲介者として活躍した。マウマウ団の乱では重要人物となり、最終的にはこの紛争を解決するのに一役買った。しかし、ヨーロッパにもどることを拒んで、かわりにナイロビにあるコリンドン博物館（現ケニア国立博物館）の薄給に甘んじた。

リーキーの評価は高く、アフリカでの発見は意義深いものだったが、それでも彼は人類が本当にアフリカに出現して進化したことを証明するだけではなく、自身のキャリアの起爆剤になり、よりよい研究費を確保できるようなめざましい発見をしようと必死に努力していた。南アフリカの洞窟で発見された標本は重要ではあったが、数値年代を測ることができなかった。彼に必要だったのは、年代を特定できる哺乳類の化石と、数値年代を把握することが可能な火山灰を含む堆積物にヒト族の化石が埋まっている場所だった。

一九一三年に現在のタンザニアで、ハンス・レックというドイツの古生物学者がオルドバイ渓谷の第二層で、かなり現代的なヒトの骨格を発見した。中期更新世のもののようであり、人類の進化のうえで同じ段階に位置するヨーロッパの化石よりもはるかに古いため、その発見は論争の的となっていた。一九三一年にリーキーはこの論争に参戦し、同僚たちを説きふせて、レックの標本は古い地層に埋まった現生人類の骨ではないということを納得させた。一九五一年、第二次世界大戦後の政治的駆け引きが落ち着いて、考古学に時間を割けるようになると、ルイスとメアリーはオルドバイ渓谷のもっとも下のレベルで本格的な調査を開始した。しかし、ヨーロッパで知られているものよりもはるかに原始的な文化を示す石器は発見できたが、説得力のある化石は見つからなかった。

そして、一九五九年には、八年にわたる努力に末に（ルイスが最初にオルドバイで調査を始めてから三〇年後）、メアリーがすばらしい頭骨の化石を発見した（図6・7B）。それまでに南アフリカやほかの地域で発掘されたどの頭骨よりもはるかに原始的で頑丈なもので、オルドバイ渓谷のもっとも下のレベルである第一層から発見された。リーキー一家はこのみごとな頭骨に「ディア・ボーイ」というニックネームをつけていたが、正式にはジンジャントロプス・ボイジイと命名され、略して「ジンジ」と呼ばれた（属名は中世アフリカの地域名から取られ、種小名は彼らの調査の資金提供者であるチャールズ・ボイジーをたたえて名づけられた)。

一九六〇年には、ジャック・エバンデンとガーニス・カーティスが新しく開発されたカリウム―アルゴン法を使ってオルドバイ第一層の上にある火山灰層の年代を測定し、一七五万年以上前という数値を得た。これはあり得る年代として考えられていた以上に古かった。当時、たいていの科学者は更新世全体を数十万年前程度だと考えていたのだが、カリウム―アルゴン法を導入して一九六〇年代に年代全体が再測定された。

すぐに、リーキー一家の名は世界中に知られるようになり、ナショナルジオグラフィック協会の支持を得て、協会から研究資金が提供された。さらに重要なのは、さらなる標本を発見しようと人類学者がアフリカに大挙して訪れたことだ。人類の進化の大部分が本当にアフリカで起こったことが明確になったからだ。そして、かなり後にヒトはユーラシアとその先に移動したのである。

ルーシーの遺産

「暗黒大陸」からヒト族を発見しようという動きはすぐに東アフリカ中に広がり、特に大地溝帯ぞいの断層盆地にある、長い堆積記録を持つ地域に人々が殺到した。

ルイス・リーキーの息子のリチャードは人類学に興味を持っていなかったのだが、結局は父親の専門を引き継いだ。父の影響から逃れるため、彼は一九七〇年代にケニア北部のルドルフ湖（現在のトゥルカナ湖）で発掘を始めた。そこでさらに多くの頭骨を見つけ、わたしたちと同じヒト属（ホモ属）に分類されるホモ・ハビリスのもっとも保存状態のよい標本を発見した。その後リチャードはケニア政府の重要な地位についた（特にサイとゾウの密猟と戦った）。妻のミーブは現地の人々と協力しながらリーキー家の遺産を継承した。母のメアリーは重要な発見をしつづけ、特にタンザニアのラエトリでヒト族の足跡を発見した。

ケニアとタンザニアでのリーキー一家によるめざましい発見は、ほぼ毎年ニュースになった。一九六〇年代後半、ルイス・リーキーはケニアの首相のジョモ・ケニヤッタとエチオピアのハイレ・セラシエ皇帝と会食した。皇帝はリーキーに、なぜエチオピアでは化石が発見されていないのかと尋ねた。ルイスは、エチオピアで科学者が調査できるように命令を出してくれれば化石は見つかるはずだ、と即座に皇帝を説きふせた。すぐにバークレーの人類学者F・クラーク・ハウエルがトゥルカナ湖の北岸（エチオピアからオモ川が流れ出る場所）で調査を開始した。ハウエルと同僚のグリン・アイザックは、豊富な火山灰で年代がわかっているオモ層群で何年間も発掘を行った。残念ながら、これらの堆積層は鉄砲水で形成されたものであり、砂利や砂だらけの細流で化石が壊れたり摩耗したりしてしまうことが多く、保存状態のよいヒト族の標本は発見されなかった。

一方、新進気鋭の若い人類学者たちが、ほとんどリーキー一家と仲間たちが独占してきた地域で、自分たちも重要な発見をしてやろうとねらっていた。その中にドナルド・ジョハンソンとティム・ホワイトがいた。二人ともリーキー一家の支配下にない場所で調査して業績をつくろうとしていた。彼らはフランスの地質学者のモーリス・タイーブとイヴ・コパン、そして人類学者のジョン・カルブを通して、アファール盆地の地層について知った。そこはプレートが開いている地溝帯で、アデン湾が紅海と出合う場所だ。これらの地層からはすでに哺乳類の化石が多数見つかっており、少なくとも三〇〇万年前のものとされ、ケニアやタンザニアでそれまでに発見されたヒト族の化石よりも潜在的に古い可能性があった。ジョハンソンとホワイトとタイーブとコパンは、それらの地層で調査をする許可を得て、一九七三年にハダールで発掘を開始した。

何か月も探しつづけた末にヒト族の化石の破片がいくつか見つかった後、一九七四年十一月二十四日にジョハンソンは野帳を書く手を休めて、教え子のトム・グレイが露頭を調査するのを手伝っていた。そのとき、目の端に骨がきらりと映った。掘り出すやいなや、それがヒト族の骨であることがわかった。次から次へと掘り出すと、最終的に一個体の骨格の約四〇パーセントが見つかった(図6・8A)。ばらばらになった個別の骨ではなく、後期更新世のネアンデルタール人よりも古いヒト族の骨格としては、世界初だった。

その夜、ビートルズの曲が入ったテープをかけながらキャンプファイヤーを囲んで発見を祝ってい

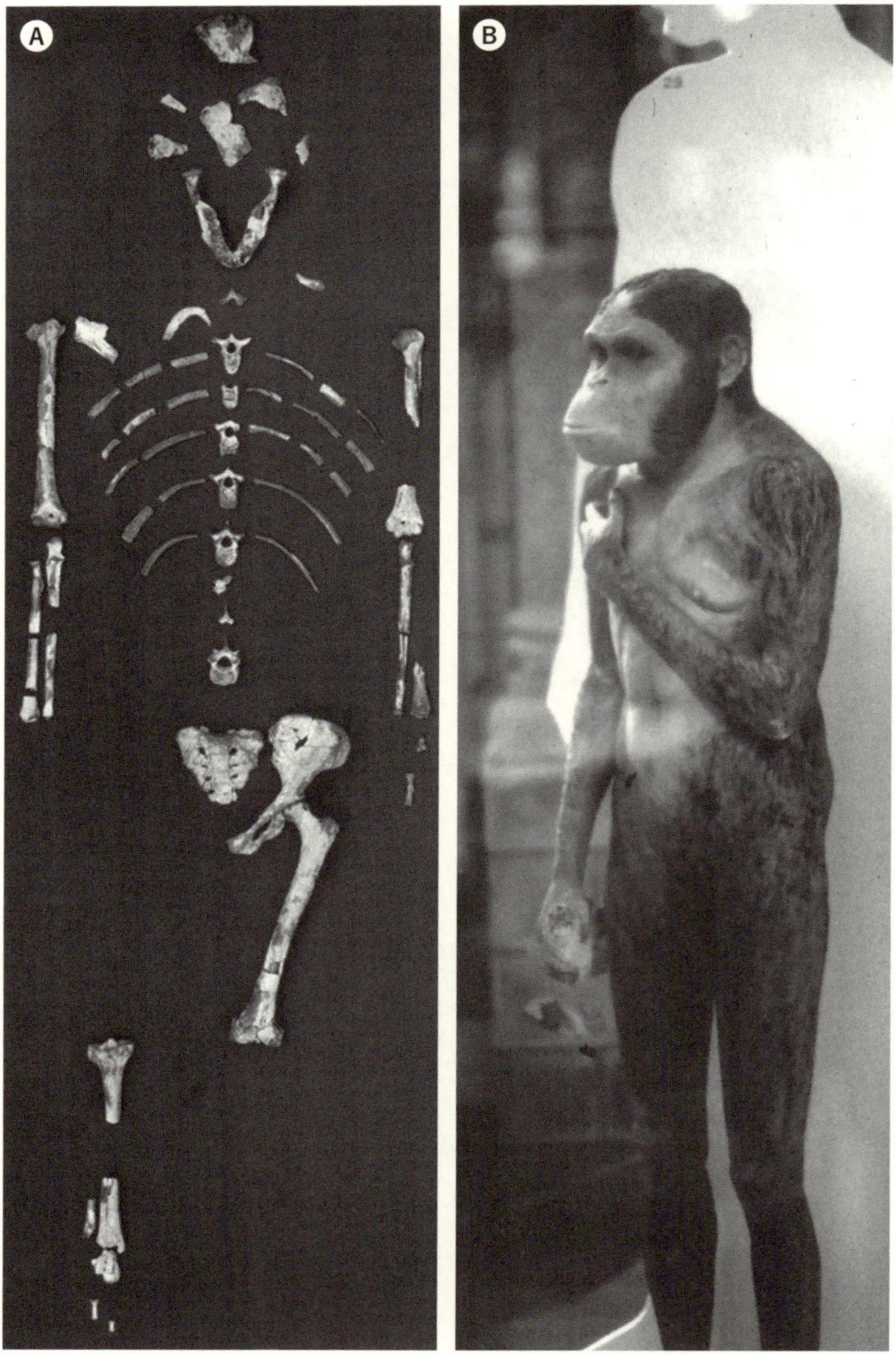

▲図 6.8　アウストラロピテクス・アファレンシスのルーシー
A：骨格
B：生きていた姿の復元

ると、「ルーシー・イン・ザ・スカイ・ウィズ・ダイアモンズ」が流れた。みんなで元気いっぱいに歌っているうちに、チームの一人のパメラ・アルダーマンがその化石を「ルーシー」と呼んではどうかと提案した。その後ルーシーは、発見地のアファール盆地にちなんで、正式にアウストラロピテクス・アファレンシスと命名された。

ルーシー発見の一年後、ハダールにもどって調査を再開すると、アウストラロピテクス・アファレンシスの骨が大量に見つかった。「最初の家族」とニックネームがつけられたこれらの化石は、三〇〇万年前の地層から発見された、ヒト族の子どもと大人の両方を含む化石の大きな集合体として最初のものであり、そのおかげで人類学者は一つの集団内にどのくらいのばらつきがあるものなのかを知ることができた。このことは、以前に発見された標本とわずかに異なる新しく発見された化石が別の新しい種なのか、それとも別の新しい属なのか、はたまた単にばらつきのある個体群の一つでしかないのかを決定する際に重要になってくる。

ルーシーの分析を終えたジョハンソンとホワイトは、その骨格は成人女性のもので、直立した身長は約一・一メートルだったと結論づけた（図6・8B）。もっとも重要な証拠は膝関節と寛骨《かんこつ》で、現生人類と同じように、アウストラロピテクス・アファレンシスは脚が完全に体の真下にある状態で、直立歩行をしていたことを証明する決定的な特徴が見られる。進化したヒト族に見られるように脳は比較的小さく（三八〇〜四三〇cc）、犬歯が小さいが、顔は平らではなく、まだ吻が目立っている。このこともまた、一九七〇年代中ごろにまだ流行っていた「脳の増大が最初」という人類の進化説にとっては痛手だった。しかし、肩甲骨と腕と手は非常に類人猿のようであり、完全に二足歩行であったにもかかわらず、まだ木に登っていたことを示している。しかしながら、足には握るのに適した親指の兆候が見られないため、足は地面の歩行に完全に適応しており、足の指で木の枝をつかむことはできなかった。

一九七〇年代中ごろのルーシーの発見以降、次々と驚きの発見があった。ルーシーは、頭骨の一部やばらばらになった四肢骨ではなく、骨格が見つかった最初の古代のヒト族（三〇〇万年前より古い）だった。一九八四年にはアラン・ウォーカーとリーキーのチームがトゥルカナ湖の西岸から「ナリオコトメ・ボーイ」（「トゥルカナ・ボーイ」とも呼ばれる）を発見した。およそ一五〇万年前のもので、骨格の九〇パーセントが失われずにあるため、今まで発見されているなかでもっとも完全な古代のヒト族である。ナリオコトメ・ボーイはホモ・エレクトスまたはホモ・エルガステルに属するようだ（正体はまだ議論中）。そして、一九九四年には、ホワイトのチームがエチオピアで四四〇万年前のアルディピテクス・ラミドゥスのほぼ完全な骨格を発見した。

このように標本が次々と発見されるので、ヒト族の化石記録は年々更新されている。古代のヒト族としてはネアンデルタール人とジャワ原人と北京原人しか知られていなかったころや、ピルトダウン人がまだ真剣に受け止められていたころから、一世紀の間にすっかり時代が変わった。今日では、ヒト属（ホモ属）以外に六つの属（アルディピテクス属、アウストラロピテクス属、ケニアントロプス属、オロリン属、パラントロプス属、サヘラントロプス属）があり、一二以上の有効な種がある。一つのヒトの系統が時間とともに進化したというあまりにも単純な説から出発し、化石記録によって複雑に枝分かれした進化のパターンが明らかになり、さまざまな時代と場所で複数の系統が同時に存在していたことがわかってきた。

ヒト族に一つの種しか存在せず、その種が地球を支配してきたのは過去三万年間だけである。そして、今ではホモ・サピエンスによってほとんどすべての種が消滅の危機に瀕しているのだが、それはホモ・サピエンス自身も同じことで、本書で扱ってきた多くの化石のように、絶滅に向かってひた走っているのだ。

自分の目で確かめよう！

アルディピテクス、アウストラロピテクス、ホモ・ハビリス、ホモ・エレクトスやそのほかの最初期のヒト族（ホミニン）の化石は、それらが発見された国々（特にエチオピア、ケニア、タンザニアやチャド）の博物館の特別な保管庫にしまわれており、許可された研究者しかコレクションを見たり、それらの最高の宝にふれることはできない。

人類の進化をテーマにした展示ホールがある博物館は多く、非常に重要な化石の精巧なレプリカが展示されている。

アメリカではニューヨークにあるアメリカ自然史博物館、シカゴにあるフィールド自然史博物館、ワシントンD.C.にあるスミソニアン博物館群の一つの国立自然史博物館、ロサンゼルス自然史博物館、サンディエゴ人類博物館、コネティカット州ニューヘイブンにあるイェール大学ピーボディ自然史博物館などで見ることができる。

ヨーロッパではロンドン自然史博物館、スペインのブルゴスにある人類進化博物館などに展示されている。

ほかにはシドニーにあるオーストラリア博物館でも見ることができる。

あとがき

地球の生命史はきわめて複雑な物語だ。現在、地球上にはおよそ五〇〇万から一五〇〇〇万種が生息している。今までに生息していたすべての種の九九パーセント以上が絶滅したので、三五億年かそれよりも昔に生命が誕生して以来、地球には数億種かそれ以上いたことになる。

そのため、絶滅した数億種の代表として、化石をたった二五個*だけ選ぶのは簡単ではない。わたしは、進化の上で画期的な出来事を表す化石に重点をおくことにした。それらは、主要なグループがどうやってはじめに進化したのかという決定的な局面を表していたり、一つのグループから別のグループへの進化的な移行を明確に示していたりするものだ。それに加えて、生命というものは単に新しいグループの出現だけではない。驚くほど多様な体の大きさ、生態的地位や生息環境への適応が見られる。というわけで、最大の陸生動物から最大の陸生捕食者、絶滅した巨大な海の生物まで、生命が達成しうるもっとも極端な例をあげることにした。

当然のことながら、数個だけ選ぶには、多くの生物を泣く泣く除外しなければならず、何を含めて何を省くかひどく悩んだ。比較的完全でよくわかっている化石に重きをおいて、確実に解釈するのが難しい多くの断片的な標本を除外した。科学者ではない一般の読者のことを考え、おもに恐竜と脊椎動物を選んだ。そのため、古植物学者と微古生物学者の友人たちには、彼らの分野をそれぞれ一章ずつ簡単にしか扱わなかったことを謝らなければならない。

どうかこの選択の難しさを理解し、本書で語ることにした物語の生物を受け入れてほしい。それらの化石があなたの人生を明るく照らしますように。

＊——『11の化石・生命誕生を語る』『8つの化石・進化の謎を解く』『6つの化石・人類への道』三巻合わせた数

訳者あとがき

本書はアメリカの古生物学者ドナルド・R・プロセロ著 *"The Story of Life in 25 Fossils : Tales of Intrepid Fossil Hunters and the Wonders of Evolution"*（二〇一五年、コロンビア大学出版）を三分冊したうちの第三巻です。原著は生物の多様性や進化上の画期的な出来事を表す化石を二五個取り上げた長編なのですが、分量が多いため、日本語版では『11の化石・生命誕生を語る［古生代］』『8つの化石・進化の謎を解く［中生代］』『6つの化石・人類への道［新生代］』の三巻に分けました。

その第三巻である本書では新生代、年代でいうと約六六〇〇万年前からおよそ三〇〇〇万年前までを扱います。新生代は恐竜やアンモナイトなどが絶滅した後の時代で、哺乳類と鳥類が繁栄しました。

著者のプロセロ博士はカリフォルニア工科大学やコロンビア大学などで古生物学と地質学を教えてきた経験があり、論文も数多く執筆しています。また、ライターとしても活躍し、地質学の教科書や一般書を含め三五冊以上の著書があります。おもな専門分野は三つあり、そのうちの二つは新生代に関するもので、特に、本書でも取り上げられている四肢の先端に蹄を持つ動物（ウシ目やウマ目）の進化に関する研究を精力的に行ってきました。

では、おおまかに本巻の流れを追ってみましょう。

第1章ではクジラの起源に迫ります。陸から海に帰っていった哺乳類のクジラですが、どうやって水生になったのか、化石記録からはどのようなことがわかっているのでしょうか。そして、どの陸生動物に一番近いのでしょうか。第2章はカイギュウです。人魚の正体とされるマナティーやジュゴンもまた、海に帰っていった哺乳類です。彼らはどのような動物に近いのでしょうか。水生のカイギュウ類と陸生の祖先をつなぐ化石は見つかっているのでしょうか。第3章はウマの起源について考えます。最初期のウマはどのような姿をしていたのでしょうか。どこでどのように進化していったのでしょうか。第4章では、最大の陸生哺乳類として過去に存在した巨大なサイを取り上げます。彼らはなぜ絶滅したのでしょうか。

最後の二章はヒトの化石記録を追います。第5章では最古のヒト族の化石トゥーマイ（サヘラントロプス）を取り上げ、第6章では最古の人類の骨格であるルーシー（アウストラロピテクス・アファレンシス）が発見されるまでの歴史をふり返ります。ヒトの化石が正しく理解されるまで、人種差別や帝国主義、固定観念がじゃまをして、回り道が多くあったことがよくわかります。そして、人類の進化で最初に起こった適応の一つとは、いったい何だったのでしょうか。次々と発見される標本から、人類の進化についてどのような事実が浮かび上がってきたのでしょうか。

毎日、世界のどこかで、古生物学者が地面に這いつくばって、化石という過去の貴重な記録を掘り出しています。化石記録は時間とともによりよいものになります。研究が進むにつれて、当たり前だと思われていたものがそうではなくなったり、それとは逆に、不可能だと思われていたことが案外簡単なことであるとわかったりします。そして、認識が変われば、分類も呼び名も変わります。著者は全体を通して、科学は常に進んでいると言っています。解剖学的証拠と分子学的証拠と化石記録が織りなす物語は、新しい証拠によって常に書きかえられていくのです。

変わるといえば、地質年代もしかりで、翻訳にあたって著者とやりとりをするなかで、地質年代が常に調整され変化していることに改めて気づかされました。本書の年代も後年には改訂されているかもしれません。なお、古生物の学名で日本語になっていないものや訳語が見あたらないものに関しては、カタカナで表記しました。索引に採用した古生物で、原著に学名表記のあるものは、調べ物などに活用していただけるように、学名も載せました。

さあ、六つの化石を追いながら、過去の世界を旅しましょう。地球上で起こった長い生物進化の痕跡が、わたしたち自身の中にも眠っています。

最後にこの場をかりて、出版にあたってお世話になった方々にお礼を申し上げます。特に、私の専門分野とは異なるものの、翻訳をまかせてくださった築地書館の土井二郎社長に深くお礼を申し上げます。出産や育児で刊行が大幅に遅れてしまったことを大変申し訳なく思っています。また、訳稿のチェックから、気が遠くなるような細かな事実確認、図版の整理、タイトルや小見出しの工夫など、あらゆる場面で丁寧にサポートしてくださった編集部の橋本ひとみさん、ありがとうございました。そして、いつもわたしを温かく見まもり、新しい気づきを与えてくれる家族に感謝します。

二〇一八年二月

江口あとか

図版クレジット

図 1.1　From Wikimedia Commons
図 1.2　Photograph courtesy Smithsonian Institution, National Museum of Natural History
図 1.3　Drawing by Carl Buell; from Donald R. Prothero, *Evolution: What the Fossils Say and Why It Matters* [New York: Columbia University Press, 2007], fig. 14.16
図 1.4　A：courtesy H. Thewissen, NEOMED、B：photograph by the author、C：courtesy Nobumichi Tamura
図 1.5　A：courtesy H. Thewissen, NEOMED、B：courtesy Nobumichi Tamura
図 2.1　Courtesy Wikimedia Commons
図 2.2　A：courtesy Daryl Domning、B：courtesy Nobumichi Tamura
図 2.3　Courtesy Daryl Domning
図 2.4　A：courtesy Daryl Domning、B：courtesy Nobumichi Tamura
図 2.5　Drawing by Mary P. Williams, modified from Daryl Domning
図 2.6　A：photograph by the author、B：drawing by Mary P. Williams
図 3.1　From O. C. Marsh, "Polydactyl Horses, Recent and Extinct," *American Journal of Science and Arts* 17 [1879]
図 3.2　From William Diller Matthew, "The Evolution of the Horse: A Record and Its Interpretation," *Quarterly Review of Biology* 1 [1926]
図 3.3　Drawing by C. R. Prothero, after Donald R. Prothero, "Mammalian Evolution," in *Major Features of Vertebrate Evolution*, ed. Donald R. Prothero and Robert M. Schoch [Knoxville, Tenn.: Paleontological Society, 1994]
図 3.4　A：Photograph courtesy Smithsonian Institution、B：courtesy Nobumichi Tamura
図 3.5　Modified from Donald R. Prothero, *Evolution: What the Fossils Say and Why It Matters* [New York: Columbia University Press, 2007], fig. 14.5
図 4.1　Negative no. 285735, courtesy American Museum of Natural History Library
図 4.2　Courtesy M. Fortelius
図 4.3　Courtesy University of Nebraska State Museum
図 4.4　Negative no. 310387, courtesy American Museum of Natural History Library
図 4.5　Drawing by R. Bruce Horsfall
図 5.1　From Thomas Henry Huxley, *Evidence as to Man's Place in Nature* [London: Williams & Norgate, 1863]
図 5.2　Modified from Pascal Gagneux et al., "Mitochondrial Sequences Show Diverse Evolutionary Histories of African Hominoids," *Proceedings of the National Academy of Sciences USA* 93 [1999], fig. 1B; © 1999, National Academy of Sciences USA
図 5.3　From Michel Brunet et al., "A New Hominid from the Upper Miocene of Chad, Central Africa," *Nature*, July 11, 2002; courtesy Nature Publishing Group
図 6.1　Courtesy Wikimedia Commons
図 6.2　Courtesy Wikimedia Commons
図 6.3　Courtesy Wikimedia Commons
図 6.4　Courtesy Wikimedia Commons
図 6.5　Courtesy Wikimedia Commons
図 6.6　Photo courtesy Wikimedia Commons
図 6.7　A：courtesy Wikimedia Commons、B：courtesy National Museums of Kenya
図 6.8　A：courtesy D. Johanson、B：photograph by the author

University of Chicago Press, 1997.
——. *Human Evolution: An Illustrated Introduction*. 5th ed. New York: Wiley-Blackwell, 2004.
Morell, Virginia. *Ancestral Passions: The Leakey Family and the Quest for Humankind's Beginning*. New York: Touchstone, 1996.
Reader, John. *Missing Links: In Search of Human Origins*. Oxford: Oxford University Press, 2011.
Sponheimer, Matt, Julia A. Lee-Thorp, Kaye E. Reed, and Peter S. Ungar, eds. *Early Hominin Paleoecology*. Boulder: University of Colorado Press, 2013.
Swisher, Carl C., III, Garniss H. Curtis, and Roger Lewin. *Java Man: How Two Geologists Changed Our Understanding of Human Evolution*. Chicago: University of Chicago Press, 2001.
Tattersall, Ian. *The Fossil Trail: How We Know What We Think We Know About Human Evolution*. New York: Oxford University Press, 2008.
——. *Masters of the Planet: The Search for Our Human Origins*. New York: Palgrave Macmillan, 2013.
Wade, Nicholas. *Before the Dawn: Recovering the Lost History of Our Ancestors*. New York: Penguin, 2007.
Walker, Alan, and Pat Shipman. *The Wisdom of the Bones: In Search of Human Origins*. New York: Vintage, 1997.

Equidae. Cambridge: Cambridge University Press, 1994
Prothero, Donald R., and Robert M. Schoch, eds. *The Evolution of Perissodactyls*. New York: Oxford University Press, 1989.
——. *Horns, Tusks, and Flippers: The Evolution of Hoofed Mammals and Their Relatives*. Baltimore: Johns Hopkins University Press, 2002.

●第４章

Prothero, Donald R. *Rhinoceros Giants: The Paleobiology of Indricotheres*. Bloomington: Indiana University Press, 2013.

●第５章

Diamond, Jared M. *The Third Chimpanzee: The Evolution and Future of the Human Animal*. New York: HarperCollins, 1992.
Gibbons, Ann. *The First Human: The Race to Discover Our Earliest Ancestors*. New York: Anchor, 2007.
Huxley, Thomas H. *Evidence as to Man's Place in Nature*. London: Williams & Norgate, 1863.
Klein, Richard G. *The Human Career: Human Cultural and Biological Origins*. 3rd ed. Chicago: University of Chicago Press, 2009.
Marks, Jonathan. *What It Means to Be 98% Chimpanzee: Apes, People, and Their Genes*. Berkeley: University of California Press, 2003.
Sponheimer, Matt, Julia A. Lee-Thorp, Kaye E. Reed, and Peter S. Ungar, eds. *Early Hominin Paleoecology*. Boulder: University of Colorado Press, 2013.
Tattersall, Ian. *The Fossil Trail: How We Know What We Think We Know About Human Evolution*. New York: Oxford University Press, 2008.
——. *Masters of the Planet: The Search for Our Human Origins*. New York: Palgrave Macmillan, 2013.
Wade, Nicholas. *Before the Dawn: Recovering the Lost History of Our Ancestors*. New York: Penguin, 2007.

●第６章

Boaz, Noel T., and Russell T. Ciochon. *Dragon Bone Hill: An Ice-Age Saga of* Homo erectus. Oxford: Oxford University Press, 2008.
Dart, Raymond A., and Dennis Craig. *Adventures with the Missing Link*. New York: Harper, 1959.
Johanson, Donald, and Maitland Edey. *Lucy: The Beginnings of Humankind*. New York: Simon & Schuster, 1981.
Johanson, Donald, and Blake Edgar. *From Lucy to Language*. New York: Simon & Schuster, 2006.
Kalb, Jon. *Adventures in the Bone Trade: The Race to Discover Human Ancestors in Ethiopia's Afar Depression*. New York Copernicus, 2000.
Klein, Richard G. *The Human Career: Human Cultural and Biological Origins*. 3rd ed. Chicago: University of Chicago Press, 2009.
Leakey, Richard E., and Roger Lewin. *Origins: What New Discoveries Reveal About the Emergence of Our Species and Its Possible Future*. New York: Dutton, 1977.
Lewin, Roger. *Bones of Contention: Controversies in the Search for Human Origins*. Chicago:

もっと詳しく知るための文献ガイド

●第１章

Berta, Annalisa, and James L. Sumich. *Return to the Sea: The Life and Evolutionary Times of Marine Mammals*. Berkeley: University of California Press, 2012.

Berta, Annalisa, James L. Sumich, and Kit M. Kovacs. *Marine Mammals: Evolutionary Biology*. 2nd ed. San Diego: Academic Press, 2005.

Janis, Christine M., Gregg F. Gunnell, and Mark D. Uhen, eds. *Evolution of Tertiary Mammals of North America*. Vol. 2, *Small Mammals, Xenarthrans, and Marine Mammals*. Cambridge: Cambridge University Press, 2008.

Prothero, Donald R., and Robert M. Schoch. *Horns, Tusks, and Flippers: The Evolution of Hoofed Mammals and Their Relatives*. Baltimore: Johns Hopkins University Press, 2002.

Rose, Kenneth D. *The Beginning of the Age of Mammals*. Baltimore: Johns Hopkins University Press, 2006.

Rose, Kenneth D., and J. David Archibald, eds. *The Rise of Placental Mammals: The Origin and Relationships of the Major Extant Clades*. Baltimore: Johns Hopkins University Press, 2005.

Thewissen, J. G. M., ed. *The Emergence of Whales: Evolutionary Patterns in the Origin of the Cetacea*. Berlin: Springer, 2005.

——. *The Walking Whales: From Land to Water in Eight Million Years*. Berkeley: University of California Press, 2014.

Zimmer, Carl. *At the Water's Edge: Fish with Fingers, Whales with Legs, and How Life Came Ashore but Then Went Back to Sea*. New York: Atria Books, 1999.

●第２章

Berta, Annalisa, and James L. Sumich. *Return to the Sea: The Life and Evolutionary Times of Marine Mammals*. Berkeley: University of California Press, 2012.

Berta, Annalisa, James L. Sumich, and Kit M. Kovacs. *Marine Mammals: Evolutionary Biology*. 2nd ed. San Diego: Academic Press, 2005.

Janis, Christine M., Gregg F. Gunnell, and Mark D. Uhen, eds. *Evolution of Tertiary Mammals of North America*. Vol. 2, *Small Mammals, Xenarthrans, and Marine Mammals*. Cambridge: Cambridge University Press, 2008.

Prothero, Donald R., and Robert M. Schoch. *Horns, Tusks, and Flippers: The Evolution of Hoofed Mammals and Their Relatives*. Baltimore: Johns Hopkins University Press, 2002.

Rose, Kenneth D., and J. David Archibald, eds. *The Rise of Placental Mammals: The Origin and Relationships of the Major Extant Clades*. Baltimore: Johns Hopkins University Press, 2005.

●第３章

Franzen, Jens Lorenz. *The Rise of Horses: 55 Million Years of Evolution*. Translated by Kirsten M. Brown. Baltimore: Johns Hopkins University Press, 2010.

MacFadden, Bruce J. *Fossil Horses: Systematics, Paleobiology, and Evolution of the Family*

〒612-0031　京都府京都市伏見区深草池ノ内町13番地
tel.075-642-1601　fax.075-642-1605
http://www.edu.city.kyoto.jp/science/

◉大阪市立自然史博物館

先史時代の展示の中にアロサウルス、コエロフィシス、オルニトレステス、ステゴサウルスなどがある。

〒546-0034　大阪府大阪市東住吉区長居公園1-23
tel.06-6697-6221（代）　fax.06-6697-6225
http://www.mus-nh.city.osaka.jp/

◉北九州市立いのちのたび博物館（北九州市立自然史・歴史博物館）

アロサウルス、ステゴサウルス、プロトケラトプス、トリケラトプス、プロバクトロサウルスなどさまざまな恐竜が展示されている。

〒805-0071　福岡県北九州市八幡東区東田2-4-1
tel.093-681-1011　fax.093-661-7503
http://www.kmnh.jp/

〒972-8321　福島県いわき市常磐湯本町向田 3-1
tel.0246-42-3155　fax.0246-42-3157
http://www.sekitankasekikan.or.jp/

◉栃木県立博物館
先史時代の展示の中にアロサウルスとステゴサウルスのレプリカがある。
〒320-0865　栃木県宇都宮市睦町 2-2
tel.028-634-1311（代）　fax.028-634-1310
http://www.muse.pref.tochigi.lg.jp/

◉国立科学博物館
アロサウルス、カンプトサウルス、コエロフィシス、プロトケラトプス、タルボサウルスなどの恐竜が展示されている。
〒110-8718　東京都台東区上野公園 7-20
tel.03-5777-8600
http://www.kahaku.go.jp/index.php

◉東海大学自然史博物館
タルボサウルスとプロバクトロサウルスのレプリカが展示されている。
〒424-8620　静岡県静岡市清水区三保 2389
tel.054-334-2385　fax.054-335-7095
http://www.sizen.muse-tokai.jp/

◉豊橋市自然史博物館
アロサウルス、アンキロサウルス、エドモントサウルス、イグアノドン、ステゴサウルス、トリケラトプスなどのコレクションがある。
〒441-3147　愛知県豊橋市大岩町字大穴 1-238　豊橋総合動植物公園内
tel.0532-41-4747
http://www.toyohaku.gr.jp/sizensi/

◉京都市青少年科学センター
プロトケラトプス、サウロロフス、タルボサウルスなどの骨格のレプリカが展示されている。

◉ベルギー王立自然史博物館（ベルギー、ブリュッセル）
この博物館の恐竜ギャラリーは、恐竜をテーマにした世界最大のもので、世界各地で発見された化石が展示されている。1870年代にベルニサール炭鉱で発見され、ルイ・ドローが記載した30体のイグアノドンの完全な骨格コレクションがもっとも有名だ。

◉国立自然史博物館（フランス、パリ）
起源はフランス革命よりも古く、フランス内に14の施設がある。古脊椎動物学と比較解剖学の父、ジョルジュ・キュヴィエによって設立された。古生物学ギャラリーには、キュヴィエによって最初に記載された絶滅した動物（最初のモササウルス、始新世の哺乳類のパラオテリウム、最初に発見されたマストドン、南アメリカのメガテリウムなど）のいくつかが展示されている。今でもメインのホールは「コレクターのキャビネット」という比較解剖学の展示で、数百体の絶滅した生物と現生の生物の骨格が建物の端から端まで展示されている。

◉南アフリカ博物館（南アフリカ、ケープタウン）
世界一のペルム紀の爬虫類と単弓類のコレクションが展示されている。また､原始的なユーパルケリアから巨大な捕食者のカルカロドントサウルス、竜脚類のジョバリアまで、アフリカで発見された三畳紀、ジュラ紀、白亜紀の恐竜が展示されている。

【日　本】

◉福井県立恐竜博物館（FPDM）
世界3大恐竜博物館の一つ。3階分の展示がある（屋外にも展示エリアがある）。
〒911-8601　福井県勝山市村岡町寺尾51-11　かつやま恐竜の森内
tel.0779-88-0001　fax.0779-88-8700
https://www.dinosaur.pref.fukui.jp/

◉いわき市石炭・化石館
竜脚類のマメンチサウルスのレプリカが展示されている。

サウルスやダスプレトサウルスやＴ・レックスなどの多くの捕食者、トリケラトプスやモノクロニウスやスティラコサウルスなどの角竜類、カモノハシ恐竜類、アンキロサウルス類、ドロマエオサウルス類などを見ることができる。さらに、白亜紀の西部内陸海路の海生爬虫類（アーケロンやモササウルス類）、カナダの始新世や漸新世の哺乳類も展示されており、クジラ類の進化（パキケトゥス、アンブロケトゥスとバシロサウルス）に関する展示もある。

【ヨーロッパ、アジア、アフリカ】

◉大英自然史博物館（ロンドン自然史博物館）（イギリス、ロンドン）
世界でもっとも古い自然史博物館の一つで、19世紀中ごろにはリチャード・オーウェン、トマス・ヘンリー・ハクスリー、チャールズ・ダーウィンなどが拠点としていた。大聖堂のような建物には、メアリー・アニングがライム・リージス村で発見した海生爬虫類の標本が多く所蔵されており、世界中の恐竜の化石も展示されている。目を見張るような現生哺乳類と化石哺乳類の展示室もある。「進化上の我々の位置」という展示室では、人類の進化の物語を追うことができる。

◉北京自然博物館（中国、北京）
世界各地で発見された非常に重要ですばらしい化石のいくつかが収蔵されている。中国の恐竜と化石哺乳類で埋めつくされた展示室が11室あり、保存状態が驚くほどよい羽毛恐竜や、遼寧省などで発見された鳥類の化石も展示されている。

◉自然史博物館（フンボルト博物館）（ドイツ、ベルリン）
過去200年間のドイツ古生物学の宝が展示されている。今までに据えつけられた中で最大の恐竜の骨格（ブラキオサウルス＝現ギラッファティタン）、アフリカのテンダグル層から産出されたそのほかの化石、もっともよいアーケオプテリクス（始祖鳥）の標本、ホルツマーデンで発見された多くの海生爬虫類の化石（特に体の輪郭が見られる魚竜類）などが展示されている。

ロリンクス、そのほかの初期の両生類、爬虫類、単弓類)、氷河期の目を見張るような哺乳類などが展示されている。また、バージェス動物群も展示されており、古生代ギャラリーには不気味なほどリアルな海生生物のジオラマがある。

◉サウスダコタ・スクール・オブ・マインズ&テクノロジーの地質博物館
(サウスダコタ州ラピッドシティ)
最近新しい建物に移転した。ブラックヒルズで発見されたジュラ紀と白亜紀の恐竜や、白亜紀の西部内陸海路の海生爬虫類(エラスモサウルスやモササウルス)、ビッグ・バッドランズから発見された始新世と漸新世の哺乳類が展示されている。

◉フロリダ自然史博物館(フロリダ州ゲインズビル)
展示室の一つの「フロリダの化石:生命と陸地の進化」では、フロリダを舞台とした過去6500万年間の地球史を知ることができる。カルカロクレス・メガロドンのさまざまな大きさの顎や歯、目を見張るようなフロリダの新生代の哺乳類が展示されている。

【カナダ】

◉ロイヤル・ティレル古生物学博物館(アルバータ州ドラムヘラー)
恐竜の化石を多く産出するアルバータ州の白亜紀の悪地の中に位置するこの博物館には、膨大な数の白亜紀の恐竜が展示されており、特にT・レックスやトリケラトプス、多くのカモノハシ恐竜類、アンキロサウルス類などを見ることができる。また、1980年代の後半に、「時間を旅行」できるように展示室を配置したはじめての博物館で、古いものから新しいものへと直線的に展示されており、先史時代のさまざまな時代に生きていた生物を見ることができる。バージェス動物群だけを扱う展示室もある。

◉カナダ自然博物館(オンタリオ州オタワ)
アルバータ州の白亜紀の悪地から産出された、数多くのすばらしい恐竜を所蔵した最初の博物館で、恐竜の出現から絶滅、哺乳類の出現をテーマとした化石ギャラリーには30体が展示されている。ホールにはアルバートルスや、ステゴサウルス、トリケラトプス、ヴェロキラプトルなど、28の恐竜の骨格が展示されている。デボン紀の魚類や、もっとも最近発見されて記載されたアーケオプテリクス（始祖鳥）の標本も展示されている。また、この博物館は近くに発掘場所を持っている。

そのほかのアメリカの重要な自然史博物館

◉ハーバード大学比較動物学博物館（マサチューセッツ州ケンブリッジ）
この博物館のコレクションは1850年代にまでさかのぼる。壁一面の巨大なクロノサウルスや、ペルム紀の陸生動物の化石、新生代の哺乳類の化石が展示されている。

◉ニューメキシコ自然史科学博物館（ニューメキシコ州アルバカーキ）
展示の目玉は「タイムトラックス」と呼ばれるもので、宇宙の誕生から始まり、生命の出現、三畳紀の恐竜の「夜明け」からジュラ紀と白亜紀の恐竜、白亜紀の西部内陸海路の海生爬虫類、暁新世の大草原に生息していた鳥類や哺乳類、氷河期から現在の地球までをたどることができる。また、「フォッシルワークス」では、展示用の化石のクリーニング作業を見学できる。

◉ネブラスカ州立大学博物館（ネブラスカ州リンカーン）
伝統のある博物館で、恐竜の展示は少ないものの、新生代の哺乳類（特にウマ、サイ、ラクダ）を見るにはアメリカで一番よい博物館の一つだ。また、マストドンとマンモスの骨格のみを展示するエレファントホールもある。

◉オクラホマ州立大学のサム・ノーブル・オクラホマ自然史博物館
（オクラホマ州ノーマン）
古代生命ホールには、捕食者のサウロファガナクスと戦うアパトサウルス、デイノニクスから幼い子どもを守ろうとするテノントサウルス、ペンタケラトプスの完全な骨格と巨大な頭骨、オクラホマ州の赤色層で発見された多くのペルム紀の脊椎動物（ディメトロドン、エダフォサウルス、コティス、アロサウルス、妊娠中の首長竜類の標本などがある。このホールのテーマは恐竜の生物学で、古生物学者がどうやって恐竜の生態を知ることができるのかがわかる。円形広間にはT・レックスとトリケラトプスが戦っている展示がある。哺乳類の時代のギャラリーには、すばらしい化石が2フロアにわたって展示されており、海生哺乳類の骨格が数点、天井から吊されている。

◉イェール大学ピーボディ自然史博物館（コネティカット州ニューヘイブン）
恐竜の化石を最初に展示した博物館の一つ。古生物学の草分けのオスニエル・チャールズ・マーシュと、何世代にもわたる後続のイェール大学の古生物学者らが集めた1890年代初頭からの膨大なコレクションがもとになっている。オリジナルの「ブロントサウルス」があり、映画「ジュラシック・パーク」のヴェロキラプトルのモデルとなったデイノニクスや、もっとも完全なアーケロン（ウミガメ）、最初に発見されたステゴサウルスとトリケラトプスもある。そのほかにもたくさんのみごとな恐竜や鳥類や哺乳類の化石が収蔵されている。

◉モンタナ州立大学ロッキー博物館（モンタナ州ボーズマン）
古生物学者のジャック・ホーナーが立ち上げた、ロッキー山脈にある比較的新しい博物館。ジーベル・ダイナソー・コンプレックスには、恐竜の卵や巣、赤ちゃんなど、彼が発見したたくさんの標本が展示されており、近くのヘルクリーク累層から見つかったT・レックスやトリケラトプスの標本も多くある。

◉ドレクセル大学自然科学アカデミー（ペンシルベニア州フィラデルフィア）
アメリカ初の古脊椎動物学者であるジョゼフ・ライディが1840年代と50年代に採集した最初の恐竜や脊椎動物の化石を所蔵する。北アメリカで最初に同定された恐竜（ニュージャージー州で見つかったハドロサウルス）に加え、アルゼンチンで発見された巨大獣脚類のギガノトサウルスのレプリカをはじめとした数百の標本が展示されている。

◉ワイオミング恐竜センター（ワイオミング州サーモポリス）
人里離れた場所に比較的最近開館した。32メートルに及ぶスーパーサウ名なT・レックスのスーだ。広々とした現代的な館内にはさまざまな種類の恐竜や目を見張るような化石哺乳類が展示されており、チャールズ・R・ナイトによる有名な先史時代の絵画も見ることができる。進化する惑星（地球40億年の生命の旅）をテーマとするグリフィンホールには、人類の進化の展示があり、博物館のスタッフが化石クリーニング室で作業する姿も見ることができる。1階には1世紀前の剥製動物が展示されており、世界でもここにしか展示されていない生物がたくさんある。

◉カーネギー自然史博物館（ペンシルベニア州ピッツバーグ）
アメリカ最古の自然史博物館の一つ。この博物館の研究者や採集者は1890年代からロッキー山脈地帯で精力的に活動してきた。そのため、現在のダイナソー国定公園で見つかった化石（ほかの多くの博物館にも、カーネギー自然史博物館にあるディプロドクスの骨格のレプリカが所蔵されている）や、ネブラスカ州のアゲートボーン・ベッドや近くにある氷河期の洞窟で見つかった化石、そして、そのほか多くの伝説的な産地から発見された化石（T・レックスの模式標本を含む）が多数収蔵されている。また、アパラチア山脈地帯の古生代の無脊椎動物に関するすばらしい展示もある。

◉デンバー自然科学博物館（コロラド州デンバー）
「先史時代の旅」と題された時間旅行ができるように、ロッキー山脈のすばらしい化石が配置されている。時間旅行をしながら、各時代の生物の立体ジオラマとその復元のもとになった標本、そして今日の産地の展示を見て、どのようにして古生物学者が遠い過去を復元するのか知ることができる。化石のクリーニングの様子も見られる。目を見張るような竜脚類や、発見されている中でもっとも完全なステゴサウルス（板や棘が実際にどのように配置されていたのかが示されている）が展示されている。新生代のセクションでは、すばらしいグリーンリバー頁岩（始新世）の化石に加え、ビッグ・バッドランズや地元の氷河期の地層、グレートプレーンズ、ロッキー山脈の各地で発見された哺乳類の化石が見られる。

◉ロサンゼルス自然史博物館（カリフォルニア州ロサンゼルス）
最近改装された恐竜ホールには異なる年齢のT・レックスの標本が3体あり、トリケラトプス、マメンチサウルス、カルノタウルス、ステゴサウル

おもな化石が見られるおすすめ自然史博物館

本シリーズで取り上げた化石を展示している博物館を以下に紹介する。データは原著刊行時（2015 年）。

【アメリカ】

アメリカの 10 大自然史博物館

◉アメリカ自然史博物館（ニューヨーク州ニューヨーク）

世界一の自然史博物館とみなされているこの博物館は 1869 年に設立され、1895 年以降、先駆的な研究でアメリカの古生物学界をリードしてきた。4 階まである巨大な展示フロアに数百万点が展示されている。展示されていない化石も数千点あり、フリック・ウイングと呼ばれる建物には研究者のために 7 階にわたって化石哺乳類が保管されている。博物館の 4 階には伝説的な化石が 1 世紀以上も展示されてきた。1996 年に改装され、化石魚類から両生類、爬虫類、そしていくつかの世界一の恐竜、原始的な哺乳類から進化した哺乳類まで、見学者が系統樹をたどれるように展示室が配置されている。1 階には人類の起源の最新の展示があり、2 階のセオドア・ルーズベルトロタンダ（円形広間）では、後肢で立った巨大なバロサウルスの骨格が見学者を迎えてくれる。

◉国立自然史博物館（ワシントン D.C.）

スミソニアン博物館群の一つとして 1910 年に開館したこの博物館は、世界でもっとも見学者の多い自然史博物館だ。哺乳類ホール（新生代の有名な哺乳類の骨格が多くある）と国立化石ホール（アメリカの恐竜が特別展で展示されていたが、2019 年まで改装のため閉館）にはもっとも重要でみごとな標本が展示されている。さらに、無脊椎動物の展示もすばらしく、バージェス動物群の大規模なコレクションも見ることができる。

◉フィールド自然史博物館（イリノイ州シカゴ）

まず見学者を迎えてくれるのは、スタンリー・フィールドホールにある有

【マ行】

【タ行】

【ナ行】

【ハ行】

【サ行】

【カ行】

索引

著者紹介

ドナルド・R・プロセロ（Donald R. Prothero）

1954年、アメリカ、カリフォルニア州生まれ。

約40年にわたり、カリフォルニア工科大学、コロンビア大学、オクシデンタル大学、ヴァッサー大学、ノックス大学などで古生物学と地質学を教えてきた。

カリフォルニア州立工科大学ポモナ校地質学部非常勤教授、マウントサンアントニオカレッジ天文学・地球科学部非常勤教授、ロサンゼルス自然史博物館古脊椎動物学研究部の研究員を務める。

『化石を生き返らせる——古生物学入門（*Bringing Fossils to Life: An Introduction to Paleobiology*）』や、ベストセラーとなった『進化——化石は何を語っているのか、なぜそれが重要なのか（*Evolution: What the Fossils Say and Why It Matters*）』など、35冊以上の著書がある。

また、これまでに300を超える科学論文を発表してきた。

1991年には、40歳以下の傑出した古生物学者に与えられるチャールズ・シュチャート賞を受賞。

2013年には、地球科学に関する優れた著者や編集者に対して全米地球科学教師協会から与えられるジェームス・シー賞を受賞。

訳者紹介

江口あとか（えぐち・あとか）

翻訳家。

カリフォルニア大学ロサンゼルス校地球宇宙科学部地質学科卒業。

訳書に、リチャード・ノートン著『隕石コレクター——鉱物学、岩石学、天文学が解き明かす「宇宙からの石」』（築地書館、2007年）、ヤン・ザラシーヴィッチ著『小石、地球の来歴を語る』（みすず書房、2012年）、デイビッド・ホワイトハウス著『地底——地球深部探求の歴史』（築地書館、2016年）がある。

化石が語る生命の歴史
6つの化石・人類への道［新生代］

2018年5月25日　初版発行

著者　ドナルド・R・プロセロ
訳者　江口あとか
発行者　土井二郎
発行所　築地書館株式会社
〒104-0045 東京都中央区築地 7-4-4-201
TEL.03-3542-3731　FAX.03-3541-5799
http://www.tsukiji-shokan.co.jp/
振替 00110-5-19057
印刷・製本　シナノ印刷株式会社
装丁　秋山香代子

　ISBN978-4-8067-1558-0

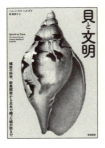

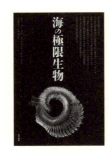

● 築地書館の本 ●

馬の自然誌

J. エドワード・チェンバレン［著］
屋代通子［訳］
2000 円＋税

人間社会の始まりから、馬は特別な動物だった。石器時代の狩りの対象から、現代の美と富の象徴まで、中国文明、モンゴルの大平原から、中東、ヨーロッパ、北米インディアン文化まで。生物学、考古学、民俗学、文学、美術を横断して、詩的に語られる馬と人間の歴史。

ミクロの森

1㎡の原生林が語る生命・進化・地球

D.G. ハスケル［著］三木直子［訳］
2800 円＋税　◉ 2 刷

アメリカ・テネシー州の原生林。1㎡の地面を決めて、1年間通いつめた生物学者が描く森の生き物たちの世界。草花、樹木、菌類、鳥、コヨーテ、雪、嵐、地震……小さな自然から見えてくる遺伝、進化、生態系、地球、そして森の真実。原生林の1㎡の地面から、深遠なる自然へと誘なう。

価格（税別）・刷数は 2018 年 4 月現在のものです。

● 築地書館の本 ●

産地別日本の化石 750 選

本でみる化石博物館・別館

大八木和久［著］
3800 円+税

日本全国 106 産地で採集した化石から、産地・時代ごとに 785 点を厳選し、化石の特徴や産出状況などを紹介。
化石愛好家の見たい・知りたいがよくわかる充実のカラー化石図鑑。採集やクリーニングのコツから整理の方法まで、採ったあとの楽しみ方も充実。

地底

地球深部探求の歴史

デイビッド・ホワイトハウス［著］
江口あとか［訳］
2700 円 + 税

人類は地球の内部をどのようにとらえてきたのか―――
中世から最先端の科学仮説まで、地球と宇宙、生命進化の謎がつまった地表から地球内核まで 6000km の探求の旅へと、私たちを誘う。

価格（税別）・刷数は 2018 年 4 月現在のものです。